# 肉用鸭60天出栏养殖法

陈宗刚　编著

·北京·

**图书在版编目(CIP)数据**

肉用鸭60天出栏养殖法/陈宗刚编著．—北京：科学技术文献出版社，2013.5

ISBN 978-7-5023-7788-5

Ⅰ.①肉… Ⅱ.①陈… Ⅲ.①肉用鸭—饲养管理 Ⅳ.①S834

中国版本图书馆CIP数据核字(2013)第055145号

**肉用鸭60天出栏养殖法**

策划编辑：孙江莉　责任编辑：杜新杰　责任校对：赵文珍　责任出版：张志平

出 版 者　科学技术文献出版社
地　　址　北京市复兴路15号　邮编100038
编 务 部　(010)58882938，58882087(传真)
发 行 部　(010)58882868，58882874(传真)
邮 购 部　(010)58882873
官方网址　http://www.stdp.com.cn
发 行 者　科学技术文献出版社发行　全国各地新华书店经销
印 刷 者　北京高迪印刷有限公司
版　　次　2013年5月第1版　2013年5月第1次印刷
开　　本　850×1168　1/32
字　　数　165千
印　　张　8
书　　号　ISBN 978-7-5023-7788-5
定　　价　19.00元

# 《肉用鸭 60 天出栏养殖法》

## 编　委　会


主　编　陈宗刚

副主编　陈文忠　张　杰

编　委　陈亚芹　张红杰　张春香　金　悦

曹　昆　李文洪　张殿祥　张瑞清

白大伟　李荣惠　杨志欣　何　英

何青华　庞春明　张志新　杨亚飞

# 前言

我国肉用鸭养殖历史悠久，品种资源丰富，饲养数量大。但我国地域辽阔，各地气候、降雨量、生产习惯等的不同，各地的养鸭方式也多种多样，既有传统的养殖方式，又有现代生产技术，饲养的目的都是利用其特点，人为地为其提供最适宜的生活环境，保证其多采食，增加营养物质的吸收，减少运动，减少热能损耗和营养消耗，增强蛋白质和脂肪的转化蓄积，从而达到生长发育快捷，获得最佳的经济效益。

为了进一步提高我国广大养鸭专业人员的基本知识和实际技术，促进我国肉用鸭饲养逐步走向科学化、规范化，使广大肉用鸭养殖场和养殖专业户获得最佳的经济效益和社会效益，笔者组织了多年从事肉用鸭生产的相关技术人员编写了本书，旨在为肉用鸭养殖场、养殖户解决一些实际问题。

由于时间紧迫，加之笔者水平所限，错误和不当之处恳请广大科技工作者和生产者批评指正，并对参阅相关文献的原作者在此表示感谢。

编　者

# 目 录

# 第一章　肉用鸭养殖概述

肉用鸭是指雏鸭“全进全出”集中饲养到60天，体重达到3.2～3.5千克出栏的鸭。

由于肉用鸭生产具有投资少、资金周转快、经济效益好、市场需求量大等特点，因此，发展肉用鸭生产是解决农民致富奔小康、合理安排农村剩余劳动力的有效途径之一。

## 第一节　肉用鸭生长的特点

1. 生长迅速，饲料报酬高

肉用鸭的早期生长速度是所有家禽中最快的一种，60日龄前生长发育比较快，绝对增重高，60日龄后随着日龄的增加日增重下降，耗料与成本增加。因此，肉用鸭养至60日龄上市经济效益最高。

2. 体重大、出肉多、肉质好

肉用鸭60日龄上市体重一般在3.2～3.5千克，尤其是胸肌特别丰厚。因此，出肉率高。据测定，60日龄上市的肉用鸭胸腿肉可达600克以上，胸肌可达350克以上。这种肉用鸭肌间脂肪含量多，所以特别细嫩可口。

3. 生产周期短，可全年批量生产

肉用鸭由于早期生长特别迅速，60日龄即可上市，生产周期极短，资金周转很快，这对集约化的经营者十分有利。由于肉用鸭是舍饲饲养，打破了生产的季节性，可以全年批量生产。

## 第二节　肉用鸭品种

我国肉用鸭的品种主要有北京鸭、樱桃谷鸭、狄高鸭、奥白星鸭、瘤头鸭、天府肉用鸭等。

1. 北京鸭

北京鸭肉质鲜美，肌肉纤维细致，富含脂肪，并且在皮下及肌肉间分布均匀。北京鸭分为烤炙型和分割型两个系列，烤炙型系列适合制作烤鸭；分割型系列适合制作供应市场的分割鸭肉及其制品。北京鸭能适应寒带、温带、热带气候，各地都适合引种。

（1）体型外貌：北京鸭体型硕大丰满，挺拔强健。头较大，颈粗、中等长度；体躯呈长方形，前胸突出，背宽平，胸骨长而直；两翅较小，紧附于体躯两侧；尾羽短而上翘，公鸭尾部有2～4根向背部卷曲的性指羽。母鸭腹部丰满，腿粗短，蹼宽厚。北京鸭全身羽毛白色并稍带有乳黄色光泽，喙、胫、蹼橙黄色或橘红色；眼的虹彩蓝灰色。初生雏鸭绒毛金黄色，称为“鸭黄”，随日龄增加颜色逐渐变浅，4周龄前后变为白色羽毛。

（2）产肉性能：初生雏鸭体重58～62克，3周龄体重1.75～2.0千克，8周龄体重2.50～2.75千克，肉料比为1：（2.8～3.0）。

2. 樱桃谷鸭

樱桃谷鸭是在北京鸭的基础上育成的商业品种，共有9个品系，其中5个属白色羽系，4个属杂色羽系。樱桃谷鸭对气候的适应性较强，在我国的南方和北方均能很好地生长。

（1）体型外貌：外形酷似北京鸭，白羽，头大额宽，鼻脊较高，喙、胫、蹼为橙黄色或橘红色，颈平而粗短，翅强健而紧贴躯干，背宽长，稍倾斜，胸宽深，肌肉发达，腿粗短。

（2）产肉性能：该鸭早期生长极为迅速。经测定，该鸭L2型商品代8周龄体重达到3.12千克；肉料比1 ∶ 2.89；超级瘦肉型，商品代肉用鸭饲养53天，活重达3.3千克，肉料比为1 ∶ 2.2。

3. 瘤头鸭

瘤头鸭又称疣鼻栖鸭、麝香鸭，具有生长快，耐粗饲，饲料利用率高，肉质细嫩，瘦肉率高等特点，在现代肉用鸭业生产中占有重要地位。

（1）体型外貌：我国瘤头鸭的羽色主要有黑白两种，黑色羽毛的瘤头鸭，羽毛带有墨绿色光泽，喙红色有黑斑，皮瘤黑红色，胫暖黑色，虹彩浅黄色。白色羽毛的瘤头鸭，则喙为粉红色，皮瘤鲜红色，虹彩浅灰色。花羽瘤头鸭喙红色带有黑斑，皮瘤红色。公鸭在繁殖季节散发出麝香气味。

（2）产肉性能：仔鸭2月龄公鸭重2.7～3千克，母鸭1.8～2千克。

4. 狄高鸭

狄高鸭具有很强的适应性，即使在自然环境和饲养条件发生较大变化的情况下，仍能保持较高的生产性能。

(1) 体型外貌：体型大，外貌近似樱桃谷鸭，白羽，头大而扁长，喙、胫、蹼橙黄色，颈粗长，背长阔，胸宽挺，尾稍翘起，体躯前昂，后躯靠近地面，腿粗短。

(2) 产肉性能：初生雏鸭体重55克左右，30日龄体重1.1千克，60日龄体重2.7千克，肉料比1：(2.9～3.0)。

5. 奥白星鸭

奥白星鸭具有体型大、生长快、早熟、易肥和屠宰率高等优点。

(1) 体型外貌：雏鸭绒毛金黄色，随日龄增大逐渐变浅，换羽后全身羽毛为白色。成年鸭的体型外貌与北京鸭非常相似，头大，颈粗，胸宽，体躯稍长，胫粗短。

(2) 产肉性能：商品代肉用鸭8周龄体重4.04千克，料肉比为2.75：1。

6. 天府肉用鸭

天府肉用鸭适应性强，具有抗病力强和优良的生产性能等特点。

(1) 体型外貌：羽色白色，喙橘红色。背宽平，体躯长方形，胸丰满，属快大型肉用鸭类型。

(2) 产肉性能：商品代肉用鸭8周龄活重3.2～3.3千克，料肉比(2.5～2.6)：1。

7. 丽佳鸭

丽佳鸭适应性较强，在寒冷和炎热的环境下都能正常生长。

(1) 体型外貌：体型外貌近似北京鸭，体型大小因品系而异，体羽白色。

（2）产肉性能：丽佳鸭有各具特色的L1系、L2系和LB系3个配套系。L1系8周龄体重3.7千克，料肉比2.75 ： 1；L2系8周龄体重达3.3千克，料肉比2.6 ： 1；LB系8周龄体重2.9千克，料肉比2.14 ： 1。

8. 芙蓉鸭

芙蓉鸭具有繁殖力强、早期生长快、耗料省、瘦肉率高等特点。

（1）体型外貌：体羽白色，体型较大，头颈粗短，胸宽厚，胸肌丰满。

（2）产肉性能：早期生长速度快，日增重50克以上，8周龄活重2.58千克以上，料肉比（2.85～2.89） ： 1。

9. 枫叶鸭

枫叶鸭又名美宝鸭，最大特点是瘦肉多。

（1）体型外貌：鸭头大颈粗，羽毛纤细柔软、雪白，外观硕大优美。

（2）产肉性能：一般饲养8周龄上市，春秋冬平均体重达3.5千克以上，夏天达3千克以上。

## 第三节 肉用鸭生产中应注意的问题

1. 建造标准化的养殖场

养鸭场建造尽量标准化，必须“三远离”，即远离村庄、远离主干线、远离其他家禽养殖场和屠宰场。

2. 选择健康的优质良种

目前试验表明，北京鸭、樱桃谷鸭、瘤头鸭、狄高鸭、天府肉用鸭、奥白星鸭、丽佳鸭、芙蓉鸭、枫叶鸭等都可以进行短期育肥。短期育肥要选好鸭苗，尽量不养残弱的鸭苗，因为鸭群比较集中，容易将弱雏踩死，一旦发现必须隔离饲养。

3. 短期内可决定盈亏

肉用鸭一般饲养8周左右就可出栏，具有资金周转快的优点。但是这种短时间内决定盈亏的情况，要求整个生产过程很少发生失误。

4. 肉用鸭饲养要有一定的规模

每只肉用鸭的纯利润较低，要想获得效益，需要饲养一定的规模。刚学习养肉用鸭的养殖者，可以先从一批饲养1000～2000只开始，随着经验和资金的积累，再逐渐增加养殖数量。

5. 肉用鸭生产必须把“成功率”放在第一位

一般肉用鸭的成活率在90%以下时，利润就会很小或发生亏损。所以饲养肉用鸭必须周密地计划，注意克服管理中的点滴漏洞，力争取得成功。一批肉用鸭饲养的失败，可能会赔掉几批肉用鸭所获得的利润。为了追求稳定的生产，在饲养条件不成熟时，不可盲目扩大饲养规模。

6. 肉用鸭生产的基础是能否维持稳定的生产环境

肉用鸭虽然体重很大，但日龄很小，很娇嫩，对环境适应能力和抗病能力都较弱。肉用鸭的管理工作，必须以维持舍内适宜的环境为中心，在加强鸭舍的控制环境能力上下大工夫，采取容易实施的环境控制措施。

7. 饲养肉用鸭必须采取"全进全出"的饲养方式

所谓"全进全出"就是同一栋舍内只进同一批鸭雏，饲养同一日龄鸭，采用统一的饲料，统一的免疫程序和管理措施，并且在同一天全部出场。出场后对整体环境实行彻底清扫、清洗、消毒，空舍2周后才能开始养下一批鸭。由于在鸭场内不存在不同日龄鸭群的交叉感染机会，切断了传染病的流行环节，从而保证了下一批鸭群的安全生产。

饲养肉用鸭最忌讳不同日龄的鸭饲养在同一鸭场内，这种饲养方式，不用半年，就会造成鸭场内各种疾病的循环感染，疾病越来越多，使肉用鸭的成活率和生长速度越来越差。

8. 完善的疫病控制措施是成功饲养肉用鸭的基本保障

疾病是造成饲养肉用鸭失败的主要原因。肉用鸭抗病能力较弱，鸭群一旦发病就很难控制，即使控制住了，也会造成很大损失。所以必须采取预防为主的方针，制定一个完善的疫病防御措施。对待肉用鸭的疾病采取头痛医头、脚痛医脚的办法是无济于事的，必须先认清发生疾病的可能原因，堵塞一切漏洞，在消毒、隔离、免疫、用药、环境控制、营养等诸多方面综合治理才能奏效。

9. 肉用鸭生产必须抓紧前期的管理

肉用鸭生产前期饲养的失误会直接波及整个饲养期。有人认为肉用鸭饲养的成败关键在于前3周，实际上第1周、前3天甚至前1天的管理以及进雏前的准备工作，都会影响到整个饲养期。如果前期环境控制很适宜，鸭群生长很健壮，就容易安全地度过饲养后期。很多后期的疾患都是以前期管理中的失误为基础的。

10. 肉用鸭生产中的用药一般应该集中在前期

除特殊情况外，后期一般不再用药，特别是在售前的1周，考虑到鸭肉中可能存在的农药残留会影响到食用者的安全，是不允许用任何药物的。

饲养后期肉用鸭体重和采食量已经很大，如果此时鸭群发病而不得已用药，则投药量大，费用很高，而且这时的投药一般也难以奏效。所以理智的用药方法是在前期根据鸭群情况和环境变化等，预防性地投药并配合其他措施来保障鸭群的健康，以便安全度过饲养后期。

11. 肉用鸭生产的后期管理应该以通风换气为重心

由于肉用鸭后期体重大、采食量大、排泄量也大，它们呼出的二氧化碳、散出的体热、排泄出的水分、舍内累积的鸭粪产生的氨气以及舍内空气中浮游的尘埃等，如果不能及时排到舍外，舍内的生存环境就会越来越恶劣，不仅会严重影响肉用鸭的生长速度，还会增加肉用鸭的死亡率。

肉用鸭的饲养后期，体重每天几乎能增长 70 克左右，因此后期管理对于提高经济效益的重要性是不言而喻的。要注意通风设施的改造，创造通风条件，改进通风方法，保障饲养后期舍内能维持比较适宜的环境。

12. 肉用鸭生产必须使用高能高蛋白的全价配合饲料

没有充足的营养，肉用鸭就不可能充分地发挥其生长潜力，就不可能长得那么快、那么好。必须用优质原料来生产肉用鸭饲料，在饲料上稍有疏漏，即可能严重影响生产。

肉用鸭长得快，很容易暴露出饲料中某些营养素的不足或缺乏。某些营养素的缺乏不仅影响生长，还影响鸭的体质和抗病能力，严重时鸭群会出现营养缺乏症。饲料原料质量的不稳定，或掺杂使假，或某些毒素的混入，饲料存放不当、使用不当、霉变等都有可能影响饲养效果。

13. 肉用鸭生产需要智能管理

肉用鸭生产虽然也需要很多体力投入，但肉用鸭生产主要还是用技能、智慧来管理的生产。

# 第二章　肉用鸭场的规划与建设

规模饲养肉用鸭必须在村外建场养殖，以免禽群间疾病的相互感染。

## 第一节　肉用鸭的生产计划

肉用鸭场在经营开始，首先要确定鸭群规模、年生产批次、采取何种管理方式等，即因地制宜地确定经营和饲养管理方案，然后再规划鸭舍、安排设备各方面的投资等。

### 一、饲养规模

养殖肉用鸭的数量关系到效益的高低，除有熟练的养鸭技术外，还应根据自身的财力、环境条件、鸭舍面积、饲料来源、雏鸭来源、肉用鸭销售等方面来确定。因此，笔者建议小规模饲养一般1000～2000只，中等规模3000～5000只。这样的规模投资不大，既不浪费劳力，又便于管理，比较经济、适度。

### 二、饲养方式

饲养肉用鸭为了节省劳动力和减少鸭的应激，可采用“一段式”养殖模式或“两段式”养殖模式。

1.“一段式”养殖模式

“一段式”养殖模式即从1日龄直至出栏均在同一鸭舍（栏）内完成。

2.“两段式”养殖模式

“两段式”养殖模式就是育雏、育肥分地（室）进行，鸭雏在育雏室培育至脱温后，全群同时转入育肥舍饲养至出栏，腾出的育雏室经消毒后再接纳鸭雏培育。这样，“两段式”循环作业，不但加快了育肥鸭饲养批次，而且提高了鸭舍的利用率。

## 三、每年养鸭批次

饲养期和停养期的长短，可影响每年饲养育肥鸭的批次。停养期通常为14天，此期间对鸭舍进行消毒。若饲养期为60天，停养期为14天，“一段式”养殖则每年可养育肥鸭5批，“两段式”养殖可多养几批。由此可见，饲养期短和停养期短，都可增加每一栋鸭舍中每年生产的育肥鸭数。但值得注意的是，达到上市体重的育肥鸭，若不实行全进全出制，则会减少年养鸭批数。

## 四、饲养方式

### （一）养殖模式

近几年，全国各地肉用鸭养殖小区发展迅速，组织形式多样。总结起来大致有4种。第一种是集约化的模式，是指把养殖业上下游集约到一起，通过系统的管理，来获得系统经济效益的一种生产模式；第二种是规模化的模式，这种模式比较单一；第三种是专业户的模式；

第四种是散户养殖的模式。

目前集约化和规模化模式主要有“公司＋农户”、“公司＋基地＋农户”等组织形式。

1. “公司＋农户”饲养模式及特点

“公司＋农户”的基本模式是公司给养殖户提供鸭苗、饲料、兽药、技术等（有的要收少量的风险抵押金），由农户进行饲养，然后按保护价回收毛鸭。

这种模式有以下特点：

（1）可以互惠互利，共同发展。公司节省了建造育肥鸭舍和购买饲养设备的巨额费用，解决了公司资金短缺的难题，同时也便于企业扩大规模。

（2）养殖户由于节省了肉用鸭饲养生产中鸭苗和饲料这一主要的周转资金，同时又有公司在技术方面做后盾，而且公司按保护价收购，不存在卖鸭难的问题，避免了市场波动的风险，经济效益得到了保障，调动了广大养鸭户的积极性。

（3）由于饲养者是千家万户，素质参差不齐，饲养的场所又七零八落，农户分散，公司不容易达到对农户的统一管理，容易产生问题。目前此种模式还有一些问题需要解决。

2. “公司＋基地＋农户”饲养模式及特点

所谓“公司＋基地＋农户”，就是由龙头企业公司投入一定量的人力、物力，筹建肉用鸭生产示范基地，由基地带动农户加盟养殖经营，公司负责给加盟养殖户统一提供鸭苗、饲料、兽药，统一负责产前、产中、产后生产技术服务，统一按合同价回收加盟养殖户的育肥鸭，加工后上市销售，完成商品流通。

这种模式有以下特点：

（1）方便公司对基地和农户统一管理（即统一供应品种、统一供应生产资料、统一技术规程、统一指导、统一监督管理、统一收购、统一加工、统一销售），有利于提高肉用鸭生产的产量和质量，有利于品牌战略的实施，进而更大限度地增加销售收入，获得更可观的经济效益，公司与农户互惠互利，共享收益。

（2）由于大多数加盟养殖户都是在示范基地内养殖，统一建设鸭舍，统一养殖方案，统一管理，不易出现农户私自乱用药物，乱用饲料，不按规程进行养殖的现象。

（3）采取这种模式，也便于技术的创新、推广和应用。公司利用雄厚的科研实力不断进行研究和创新，通过基地示范和统一的技术培训，给养殖户提供产前、产中和产后的技术服务，不断提高养殖户的饲养管理水平，提高养殖户收益，同时也提高了公司的利润。

3. 专业户饲养模式及特点

专业户饲养机动灵活，可自孵鸭苗，也可订购鸭苗。产品自行销售，随时出栏，但有时可能出现卖鸭难、养殖技术咨询难和饲养批次不够的问题。

### （二）饲养管理方式

肉用鸭大多采用全舍饲，即鸭群的饲养过程始终在舍内，该方式又分为地面平养和网上平养两种类型。

1. 地面平养

厚垫料地面平养是饲养肉用鸭较普遍的一种方式，方法是水泥或砖铺地面撒上 5～10 厘米厚的垫料即可。

垫料要求松软、吸水性强、新鲜、干燥、不发霉，将肉用鸭饲养在垫料上，任其自由活动。面积小的养几百只鸭，面积大时养至几千只或几万只。大群饲养需隔离成小间，每小间可养300～400只。

垫料的方式有两种：一种是经常松动垫料，去除鸭粪晒干后再使用，必要时才更换新鲜垫料；另一种是平时不清除鸭粪，而是每隔3～5天添加一次，使垫料厚度达到15～20厘米。每批肉用鸭出栏后，应将垫料彻底清除更换。

垫料饲养的优点是简便易行，投资少，设备简单，节省劳动力，寒冷季节有利于舍内增温。缺点是需要大量垫料，舍内尘埃多，细菌也多，易诱发各种疾病。

2. 网上平养

肉用鸭网上养殖是指整个饲养期完全在房舍内网床上饲养。实践证明，肉用鸭网上养殖，省工省料，易管理，生长快，育肥性能好，育肥鸭养至60日龄体重即可达到上市规格，且肉质优良，经济效益和社会效益极为显著，已成为一种快速养殖方式，非常值得在全国各地推广。

现代肉用鸭生产无论是地面平养，还是网上饲养，均采用“全进全出”的饲养制度。

## 第二节　肉用鸭场规划

“公司＋农户”饲养模式、专业户饲养模式和散户饲养模式都涉及鸭场选址。合理地选择场址，对提高肉用鸭的生产性能，减少疾病侵袭，降低生产成本，提高经济效益具有重要作用。

1．场址选择

无论是单独的育肥鸭养殖还是带有种鸭的养殖，鸭场的地址选择既要考虑鸭场生产对周围环境的要求，也要尽量避免鸭场产生的气味、污物对周围环境的影响。同时还要遵循以下原则：

（1）节省土地：土地的使用应符合当地农牧业区划与布局的要求，以不占用基本农田、节约用地、合理利用废弃地为原则。

（2）交通便利：鸭场位置应选择在交通方便的地方，邻近公路、靠近消费地和饲料来源地。场址要与主要交通干线距离最好在 500 米以上，既要有利于防疫，又能满足鸭场繁忙运输任务的需要。

（3）水源充足：养殖场要有稳定的水源，水质符合养殖用水要求，水量保证高峰时期和干旱时期的最大需求。高峰时，每只成年鸭一天能喝水 300～500 毫升，以 5000 只鸭计算，加上其他用水每天可达 4～5 吨，在夏天雨水充足时没有问题，但在冬季和鸭舍建在相对于水位较高，特别是鸭舍周围没有水源的养鸭户来说，可能要每天忙于拉水。但鸭场不允许建在饮用水源、食品厂上游。

（4）防疫隔离条件良好：鸭场的选择最好是未曾养过任何牲畜和家禽的地方。鸭场周围 3000 米内无大型化工厂、矿厂，与农贸市场、屠宰加工厂、肉食品加工厂、皮毛加工厂、学校、医院、乡镇居民区等设施距离至少 1000 米以上，距离垃圾场等污染源 2000 米以上，特别是其他水禽养殖场尽可能远些。鸭场周围应有围墙或防疫沟，并建立绿化隔离带。

（5）环境条件良好：选择场地时以平坦或稍有坡度的地形为好，土质以沙质土壤较为适宜，同时要了解场址所在地的自然气候条件，如最低气温、最高气温、降雨量及最大风力等情况。离大江、大河、山体要有一定的距离，以预防洪水、塌方、雪崩、泥石流等。

（6）保障电源：鸭场内孵化、照明、供水、供温、通风等都需要用电，因此鸭场要求电源保证。必要时要备有发电设备。

（7）发展空间：场地要合理规划，要有利于农、林、牧、副、渔综合利用，也要考虑鸭场将来发展扩大的可能性。

2. 鸭场规划布局

“公司＋农户”养殖模式的，因不饲养种鸭，肉用鸭舍采用“全进全出”制饲养，环境比较干净，布局也比较简单，主要考虑鸭群的防疫卫生和安全，同时还要保证非生产区和生活区养殖者的工作和生活环境，尽量避免交叉污染。专业户饲养模式的鸭场因要饲养种鸭，并设有孵化室，在布局规划时，应进行全面考虑，不能只顾一方面，而忽视了其他方面。除着重考虑风向、地形与建筑物的朝向外，更要考虑生产作业的流程，以便提高劳动生产率，节省投资费用；同时要考虑卫生防疫条件，防止疫病传播；还要照顾各区间的相互联系，便于管理。

平面布局设计一般遵循下列原则：

（1）场区应设有生产区、办公区、生活区、辅助生产区、粪便及废弃物处理区。生产工艺设计，应以从净区向污染区不可逆走向的要求进行布局。

（2）鸭场内生活区和行政区、生产区应严格分开并相隔一定距离，生活区和行政区在风向上与生产区相平行并与生产区保持100米以上的距离。有条件时，生活区可设置于鸭场之外。同时生产区要建立不透风的围墙加以隔离。

（3）鸭场生产区内，按规模大小、饲养批次不同分成几栋鸭舍，每栋鸭舍之间距离为50～100米。

（4）饲料储存室或饲料加工厂（或拌料间）也应与生产生活区保持适当的距离。

（5）粪便暂存、病死鸭与废弃物处理区处于生产区下风向、地势较低的地段，并与生产区保持较大的距离。该区的场地与设施要进行封闭。

（6）鸭场内道路布局应分为清洁道和脏污道，脏污道主要用于运输鸭粪、死鸭及鸭舍内需要外出清洗的脏污设备，清洁道和脏污道不能交叉，以免污染。

（7）生产区入口处应设置专用的消毒室和消毒池，供进入生产区的人员更衣、消毒用。

## 第三节　鸭舍建设

鸭舍是肉用鸭生产的重要组成部分，是鸭群采食、饮水、栖息的生活场所，对于提高肉用鸭的生产性能，提高收益，减少疫病发生具有重大意义。

### 一、鸭舍建筑的基本要求

鸭舍的结构和使用材料直接关系到舍内环境控制能力的强弱和方便程度，在很大程度上决定着肉用鸭饲养的成败，必须根据肉用鸭生产的特点来设计建造或改进鸭舍。

1. 鸭舍应有相当的隔热保暖性能

（1）肉用鸭生产基本上是个育雏过程，需要较高较稳定的温度。生长后期为提高饲料利用率，舍温最低要求能维持在20℃左右。

（2）40日龄以后的肉用鸭不耐高温，夏季的高温影响生长，易中暑而死亡。因此，在建筑上要考虑隔热能力，特别是房顶结构，一定要设法减少夏季太阳辐射热的进入。

2. 鸭舍应具有相当良好的通风换气能力

肉用鸭饲养的后期，舍内环境控制的主要手段是通风换气。一般通过合理布置门窗，开启通风天窗，以增强鸭舍的自然通风效果。目前广泛应用的通风装置均比较简单，进气孔的设计多采用间接进气法，即在迎风面墙上装置百叶窗或用细孔网眼布遮围以调节风速，排气孔的设计可在鸭舍顶部安装活动式天窗。为了加大通风量，可在窗子上安装排风扇，若是宽度过大的鸭舍，最好实行机械通风，在墙上（山墙或北墙）安装轴流式风机，风机的数量应根据鸭舍饲养鸭数详细计算。

3. 鸭舍的设计还必须便于消毒防疫

疫病的预防是饲养肉用鸭的重要环节，根据肉用鸭饲养全进全出的生产特点，鸭舍必须便于冲刷消毒。鸭舍地基应高出自然地面25厘米以上，舍内地面应该做成有2°～3°坡度的水泥地面。房顶和墙壁应平整，尽可能地减少容易沉积灰尘细菌等污物的地方。舍外四周需要有25～30厘米深的排水沟并需硬化处理。

4. 鸭舍面积要适宜

肉用鸭较适于高密度饲养，饲养量的大小取决于鸭舍的有效饲养面积和合适的饲养密度。但在实际生产中，饲养量的大小受到多方面因素的制约。首先是饲养人员的数量；其次是饲料供应能力和雏鸭来源；再次是鸭舍的面积。在前两者没有问题的情况下，饲养量的大小决定于鸭舍的面积。一栋鸭舍的有效饲养面积确定了，饲养量也就确定了。假设一个养鸭专业户要建一栋批饲养量为5000只肉用鸭的鸭舍，按60日龄每平方米饲养10只计算，需500平方米。将安置饮水器、料桶及供暖设备的面积计算在内，则增加10%的面积（即50平方米）即可。在建筑设计上，为方便饲养管理，每栋鸭舍还配备连在一起的一个观察室和一个工具、饲料贮备室，这样又要增加30～50平方米，就是说建造一栋饲养量为5000只肉用鸭的鸭舍，需要的建筑面积应在580～600平方米。如果鸭舍内部宽度为12米，修建50米长的鸭舍即可满足需要。

如果鸭舍能满足控制微生物的环境需要，满足前期育雏和后期生长对环境的要求，克服昼夜温差和季节变动对舍内环境的影响，肉用鸭的饲养成功就不再是困难的事了。

5. 群体布局

考虑建筑成本和饲养水平，按每栋鸭舍饲养5000只肉用鸭（根据季节不同而变化）为宜。舍内宜分小栏，小规模饲养每栏多为300～500只。

## 二、鸭舍类型

目前的鸭舍建筑类型较多，按建筑结构和性能不同，可分为开放式和密闭式两大类。只要饲养管理得当，不管密闭鸭舍还是开放鸭舍，同样可以获得好的经济效益。

1. 开放式鸭舍

开放式鸭舍多采用自然通风换气和自然光照与补充人工光照相结合。其优点是在鸭舍的设计、建材、施工工艺和内部设施等方面要求较为简单，造价低，投资少，施工周期短。可以充分利用空气、自然光照等自然资源，运行成本低，减少能源消耗；如果配备一定的设备和设施，在气候较为温暖的地区，鸭群的生产性能也有较好的表现。其缺点是舍内环境受外界环境变化影响较大，舍内环境不稳定，鸭的生产性能会受影响。这类鸭舍分为有窗户鸭舍和卷帘开放式鸭舍两种形式。

（1）有窗鸭舍（彩图 1）：鸭舍两侧安装玻璃窗，靠饲养员启闭门窗进行通风换气，目前我国饲养肉用鸭绝大多数采用这种鸭舍。其优点是造价低，结构简单，适用于一般肉用鸭养殖场和专业户使用；缺点是利用自然通风、自然光照，舍内环境条件很不稳定，受外界自然条件影响很大。

（2）卷帘开放式鸭舍：此类鸭舍兼有密闭式和开放式鸭舍的优点，在我国的任何地区都可以采用。鸭舍的屋顶材料采用石棉瓦、彩钢瓦、普通瓦片、玻璃钢瓦，并且采用防漏隔热层处理。此种鸭舍除了在离地 15 厘米以上建有 50 厘米高的薄墙外，其余全部敞开，在侧墙壁的内层和外层安装隔热卷帘，由机械传动，内层卷帘和外层卷帘可以分别向上和向下卷起或闭合，能在不同的高度开放，可以达到各种通风要求。夏季炎热可以全部敞开，冬季寒冷可以全部闭合。

2. 封闭式鸭舍

这种鸭舍也称无窗鸭舍，或叫控制环境鸭舍。这种鸭舍设置的应急窗，除在断电时临时开窗通风换气以外，平常是封闭的。采用机械喂料，机械通风换气，人工光照，鸭处于人工控制的封闭环境中，受外界干扰少，有利于鸭的生长发育。但一次性投资大，建筑造价高，光照、通风、降温等都离不开电源，对电源的依赖性很强，耗电量很大，没有电源保证就不能使用。由于密闭式鸭舍饲养密闭度很大，夏天必须有良好的通风和降温设施，否则会有热死鸭的现象。这种鸭舍适用于大规模肉用鸭生产和寒冷地区采用。

## 三、鸭舍结构

1. 地基

地基指墙突入地面的部分，是墙的延续和支撑，决定着墙和鸭舍的坚固和稳定性，主要作用是承载重量。要求基础要坚固、抗震、抗冻、耐久，应比墙宽 10～15 厘米，深度为 50 厘米左右，根据鸭舍的总荷重、地基的承载力、土层的冻胀程度及地下水情况确定基础的深度，基础材料多用石料、混凝土预制或砖。如地基属于黏土类，由于黏土的承重能力差，抗压性不强，基础应设置得深厚一些。

2. 墙壁

墙是鸭舍的主要结构，对舍内的温度、湿度状况起重要作用（散热量占 35％～40％）。墙具有承重、隔离和保温隔热的作用。墙体的多少、有无，主要取决于鸭舍的类型和当地的气候条件。要求墙体坚固、耐久、抗震、耐水、防火，结构简单，便于清扫消毒，要有良好的保温隔热性能和防潮能力。墙体材料可用砖砌或用彩钢瓦。砖砌厚度为24厘米，如要增加承重能力，可以把房梁下的墙砌成37厘米。彩钢瓦墙体厚度10厘米。

3. 门、窗

门、窗的大小关系到采光、通风和保暖，有窗式鸭舍的门、窗面积较大，窗离地面的高度为50厘米，高1.2～1.8米，宽1.8～2米。窗的面积为鸭舍地面面积的15％～20％。

鸭舍的门高为2米并设在一头或两头，宽度以便于生产操作为准，一般单扇门宽1米，双扇门宽1.6米左右。

4. 屋顶的式样

屋顶具有防水、防风沙、保温隔热的作用。屋顶的形式主要有双坡屋顶（两窗户中间的屋顶安装一个80厘米×80厘米的带盖天窗，彩图2）、平屋顶、拱形屋顶，炎热地区用气楼式和半气楼式屋顶。要求屋顶防水、保温、耐久、耐火、光滑、不透气，能够承受一定重量，结构简便，造价便宜。屋顶高度一般地区净高3～3.5米（墙高2米，屋顶架高1.5米），严寒地区为2.4～2.7米，如是高床式鸭舍，鸭舍走道距大梁的高度应达到2米以上，避免饲养管理人员工作时碰头或影响工作。屋顶材料多种多样，有水泥预制屋顶、瓦屋顶、石棉瓦和钢板瓦屋顶等。石棉瓦和钢板瓦屋顶内面要铺设隔热层，提高保温隔热性能。简便的天棚是在屋梁下钉一层塑料布。

5. 地面

地面结构和质量不仅影响鸭舍内的小气候、卫生状况，还会影响鸭体及产品的清洁，甚至影响鸭的健康。要求鸭舍的地面高出舍外地面至少 30 厘米，平坦、干燥，有 2°～3°的坡度，并设排水通道以便舍内污水的顺利排出，排水通道要有防鼠及防止其他动物进入的设施，如铁网等。地面和墙裙要用水泥硬化，在潮湿地区修建鸭舍时，铺设水泥地面前要铺设防水层，防止地下水湿气上升，保持地面干燥。舍外要设有 30 厘米宽排水沟通到场外污水处理设施。

6. 鸭舍的跨度

鸭舍的跨度一般为 9～12 米，净宽 8～10 米，过宽不利于通风；鸭舍长度为 50～80 米，每间 3 米。也可根据饲养规模、饲养方式、管理水平等诸多具体情况而定。

7. 鸭舍内人行过道

多设在鸭舍的中间或两侧，宽为 1.2 米左右。

## 第四节　肉用鸭生产所需物资

鸭舍、设备对于日常饲养管理、产品的数量与质量、安全生产、劳动效率、投资规模和生产费用等都有着密切关系。为了便于鸭场生产管理，各种养鸭设备应符合以下要求：轻巧灵活，体积小，易搬动；噪声小，转动平稳；调节方便，容易操作；结构简单，便于修理；节省能源，安全可靠；方便消毒，经济耐用。

### 一、垫料

采用地面平养的，必须使用垫料。

1. 垫料的种类

垫料的种类很多，总的要求是干燥清洁，吸湿性好，无毒，无刺激，无霉变，质地柔软。常用的垫料有稻壳、铡碎的稻草及干杂草、干树叶、秸秆碎段、细沙、锯末、刨花等。

2. 垫料的铺设

经过消毒的垫料在鸭舍熏蒸消毒前铺好，可采用一次性铺设或添加式铺设。

一次性铺设一般8～10厘米厚，沙子可铺6～8厘米。育雏开始的3天内，可上铺一层吸水性好的报纸或棉布等，防止雏鸭误食垫料（特别是木屑）。日常管理中要去除过于潮湿的垫料，保持垫料松散和干燥。特别要加强饮水管理，防止跑、冒、渗、漏水。

在潮湿地区养殖肉用鸭，最好采用添加式铺设垫料，早、中期每3天要翻一次垫料，并适当加铺一层垫料。到了夏季，“返潮”严重、鸭大、垫料易污染时，不可翻起垫料，要用平锹铲除垫料表层，铺一层新垫料，效果最好。

除此之外，还可以使用组合垫料，如把麦秸与稻草、稻壳与木花混合使用，也可以把原来的垫料表面覆盖一些其他种类的垫料。但使用垫料时要注意垫料pH值，当pH值为8时，氨气产生达到最高，可用化学和物理方法处理垫料，以降低pH值，防止氨气产生。

## 二、网床

采用网床养殖者，根据鸭舍的大小，一般每栋鸭舍靠房舍一边摆放 1 个网床或者两边摆放 2 个网床，中间留 1～1.2 米的过道。网床离地面的距离一般为 50 厘米，网上平养一般都用手工操作，有条件的可配备自动供水、给料、清粪等机械设备。

网上平养设备一般由竹板、塑料绳（市场有售）或铁丝搭建。

竹竿（板）网上平养（彩图 3）网床的搭建是选用 2 厘米左右粗的竹竿（板），平排钉在木条上，竹竿间距 1.5 厘米左右（条板的宽为 2.5 厘米，间隙为 1.5 厘米），制成竹竿（板）网架床，然后在架床上面铺 15 毫米×15 毫米的塑料网，鸭群就可生活在竹竿（板）网床上。这种方式要保证网面平整，网眼整齐，无刺及锐边。

用塑料绳（彩图 4）搭建时，采用 6 号塑料绳者绳间距 4 厘米、8 号塑料绳绳间距 5 厘米，地锚深 1 米，用紧线器锁紧。

塑料网片宽度有 2 米、2.5 米、3 米等规格，长度可根据养殖房舍长度选择，塑料网可采用 15 毫米×15 毫米网目规格，围网高为 50 厘米。

网床要根据不同饲养阶段的饲养密度分成大小不同的栏。栏内留一定面积的采食、饮水的场地，一般采食面积与空置面积比为 1 ∶ 25。

## 三、加温保温设备

无论采用“一段式”养殖还是“两段式”养殖，都必须有保温设备和用具，保温设备和用具大多数与鸡的育雏保温设备和用具相似，各地可以根据本地区的特点选择使用。

1. 红外线灯

红外线灯能散发出较大的热量。在春季温暖的地区，或者选择在比较温暖的季节育雏，需要补充的热量不是很大，可采用红外线灯取暖。为了增强红外线灯的取暖效果，应制作一个大小适宜的保温灯伞，其伞部与保温伞相似。一般红外线灯泡的悬吊高度，炎热的夏季离地面 40～50 厘米，寒冷的冬季离地面约 35 厘米。随着鸭日龄的增加和季节的变暖，应逐渐提高灯泡高度或逐渐减少灯泡数量，以逐渐降低温度。一盏 275 瓦红外线灯泡可供 100～250 只雏鸭保温。

此法的优点是舍内清洁，垫料干燥，但耗电多，供电不稳定的地区不宜采用，若与火炉或地下烟道供热结合使用效果较好。

2. 热风炉

热风炉（彩图 5）是集中式采暖的一种，近年来采用较多，多数安装在鸭舍内，蒸汽或预热后的空气通过管道输送到舍内各处。鸭舍采用热风炉采暖，应根据饲养规模确定不同型号，如 210 兆焦热风炉的供暖面积可达 500 平方米，420 兆焦热风炉供暖面积可达 800～1000 平方米。

3. 烟道供温

烟道供温有地上水平烟道和地下烟道两种。

地上水平烟道是在育雏室墙外建一个炉灶，根据育雏室面积的大小在室内用砖砌成一个或两个烟道，一端与炉灶相通。烟道排列形式因房舍而定。烟道另一端穿出对侧墙后，沿墙外侧建一个较高的烟囱，烟囱应高出鸭舍 1～2 米，通过烟道对地面和育雏室空间加温。

地下烟道与地上烟道相比差异不大，只不过室内烟道建在地下，与地面齐平。烟道供温应注意烟道不能漏气，以防煤气中毒。烟道供温时室内空气新鲜，粪便干燥，可减少疾病感染，适用于广大农户养鸭和中小型鸭场。

4. 煤炉供温

煤炉是我国广大农村，特别是北方常用的供暖方式。可用铸铁或铁皮火炉，燃料用煤块、煤球或煤饼均可，用管道将煤烟排出舍外，以免舍内有害气体积聚。保温良好的房舍，每 20～30 平方米设 1 个煤炉即可。

此法适合于各种育雏方式，但若管理不善，舍内空气中烟雾、粉尘较多，在冬季易诱发呼吸道疾病。因此，应注意适当通风，防止煤气中毒。

5. 热水供温

利用锅炉和供热管道将热水送到鸭舍的散热器中，然后提高舍内温度。此法温度稳定，舍内卫生，但一次投入大，运行成本高，适用于大型鸭场。

## 四、饲喂设备

1. 喂料设备

喂料设备很多，可分为普通喂料设备和机械喂料设备两大类。对于中小型养鸭者来说，机械喂料设备投资大，管理、维修困难，因此宜采用普通喂料设备手工添料方式，借助手推车装料，一名饲养员可以负担 2000～3000 只鸭的饲养量。普通喂料设备具有取材容易、成本低、便于清洗消毒与维护等优点，深受广大养鸭户的喜爱。

普通喂料设备目前多使用料盘、料桶、料槽。料盘随鸭大小与饲养方式而异，但各种食槽都要求平整光滑，便于鸭采食又不浪费饲料，并便于清洗消毒。不论采用何种喂料设备和给料方式，都必须合理安放喂料设备的位置，使喂料设备与鸭的胸部平齐。

（1）料盘：主要用于开食，每个料盘可养雏鸭35～40只。

（2）料桶：可用于各个饲养阶段，料桶材料多为塑料，容量为3～10千克。其特点是容量大，可一次添加大量饲料，饲喂次数少，对鸭群影响小，但应注意布料均匀。每个桶可供30余只鸭自由采食用。

（3）自动喂料系统：由人工加料于料箱，其余全部是自动化喂料。该系统包括驱动器、料箱、料槽、输料管和转角器，饲料在驱动器钢缆带动下，经料箱和输料管进入料槽供鸭采食。

2. 饮水设备

供鸭饮水的设备，其形式和花样多种多样。目前，生产中常使用的饮水器主要有塔形真空饮水器和吊式自动饮水器等。

（1）塔形真空饮水器：塔形真空饮水器多由尖顶圆桶和直径比圆桶略大的底盘构成。

圆桶顶部和侧壁不漏气，基部离底盘高2.5厘米处开有1～2个小圆孔。利用真空原理使盘内保持一定的水位直至桶内水用完为止。这种饮水器构造简单、使用方便，清洗消毒容易。

塔形真空饮水器的容量1～3升，盘的直径为160～220

毫米，槽深25～30毫米，可供鸭只数量70～100只。

（2）吊式自动饮水器：吊式自动饮水器具有节约饮水、调节灵活、清洁卫生的优点，但投资较大，水箱、限压阀、过滤器等部件必须配好，并严格管理，否则容易漏水。吊式自动饮水器饮水盘直径260毫米，饮水盘高度53毫米，饮水盘容水量为1千克，可供50～80只鸭使用，饮水器的高度应根据鸭的不同周龄的体高进行调整。

## 五、通风设备

鸭舍的通风分自然通风和机械通风两种，但通常是自然通风和机械通风结合使用。在设计通风系统时，不仅要考虑鸭的饲养密度和当地最高气温，而且要注意通风均匀，应参考每只鸭的换气标准量与饲养只数，计算出需要的换气量，然后根据待安装的风机性能算出应配备的风机台数。

1. 自然通风

自然通风则使用窗口，在自然风力和温差的作用下进行，窗口总面积（在华北地区）一般为建筑面积的1/3左右。为了鸭舍内通风均匀，窗口应对称且均匀分布。为了调节通风量，还可把窗子做成上下两排，根据通风量要求开关部分窗户，既可利用自然风力，又利用温差的通风作用。比较理想的窗户结构分为三层装置，内层为铁丝网，有利于防止野鸟类入舍和防止兽害等，中间是玻璃窗框架，外层是塑料薄膜主要用于冬季保温。

自然通风主要利用门窗和天窗（80厘米×80厘米的带盖天窗）的开闭程度来调节通风量。当外界风速较大或内外温差大时，通风效果明显；夏季天气闷热、风速小时，自然通风效果不大。这种通风方式简单、投资少，但难以随时保证所需的良好通风状态。

2. 机械通风

鸭舍的机械通风方式主要包括两种，即横向式通风和纵向式通风，这两种通风方式各有利弊，在鸭舍设计中可根据具体实际选用适宜的方式。

（1）横向式通风：当鸭舍长度较短跨度不超过10米时，多采用横向式通风。横向式通风主要有正压系统和负压系统两种设计。

所谓正压通风系统是靠风机将外界新鲜空气吸入舍内，使舍内空气因气压增大又自行由排气口排出舍外的气体交换方式，该系统虽然可调节舍内温度，改善舍内空气分布状况，减少舍内贼风等，但因其具有设备成本高，费用大，安装难度大，适用范围较窄等缺点，故在生产实践中，使用较少。

应用比较普遍的是负压通风系统，横向式负压通风系统设计安装方式较多，较广为采用的主要是穿透式通风。穿透式通风是指将风机安装在侧墙上，在风机对侧墙壁的对应部位设进风口，新鲜空气从进风口流入后，穿过鸭舍的横径，排出舍外。此通风设计要求排风量稍大于进气量，使舍内气压稍高于舍外气压，有利于舍外新鲜空气在该负压影响下，自动流进鸭舍。一般的空气流速夏季为0.5米/秒，冬季为0.1～0.2米/秒，此可用球式风速计测定。测定了空气流速及通风面积后，便可计算出通风量。通风量（立方米/小时）＝3600×通风面积（平方米）×空气流速（米/秒）。

（2）纵向式通风：当鸭舍长度较长达80米以上，跨度在 10 米以上时，则应采用纵向式通风，这样既优化了鸭舍通风设计的合理性，降低了安装成本，也可获得较理想的通风效果。纵向式通风是指将风机安装在鸭舍的一侧山墙上，在风机的对面山墙或对面山墙的两侧墙壁上设立进风口，使新鲜空气在负压作用下，穿进鸭舍的纵径排出舍外。实行纵向通风，6500 立方米/小时排风量的风机安装 3 台，9500 立方米/小时排风量的风机安装 2 台，安装高度可在网上 60～80 厘米处，排风机的扇面应与墙面成 100°角，可增加 10%的通风效率，空气流速为 2.0～2.2 米/秒，每台风机的间距以 2.5～3.0 米为宜。有关通风量的计算请参见横向式通风系统。因鸭舍纵向式通风系统具有设计安装简单，成本较低，通风和降温效果良好等优点，在目前养鸭生产上已被广为采用。

## 六、清粪设备

清粪机械在养鸭生产中不仅可以大大地提高劳动生产率，而且还能有效地影响鸭的生产，增加经济效益。

1. 结构原理

刮粪板方式简单易行，主要用于平养鸭舍中。机械组成主要有电动机（最大功率 1.5 千瓦，3 千瓦）、减速器［减速器的减速比一般为 1 ：（40～60）］、刮板（刮板每分钟行走 2～3 米）、钢丝绳或亚麻绳与转向开关等设备（彩图 6）。通过各部件配合牵动刮粪板在粪沟内来回移动达到清粪效果。

2. 安装要求

可使用 220 伏单相电源，安装示意图见图 2-1。

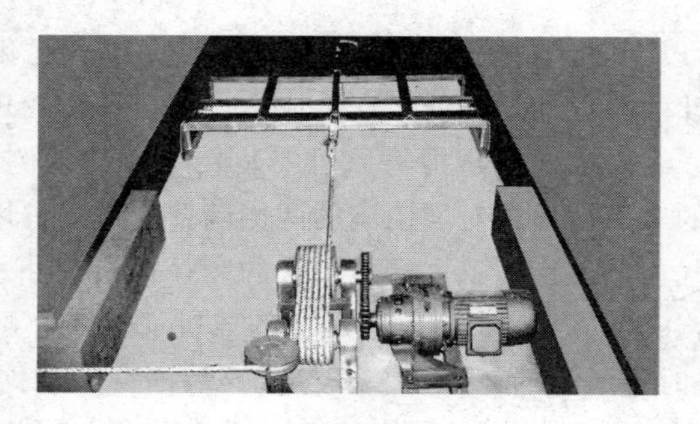

图 2-1　刮粪机安装示意图

（1）粪槽表面应为水泥（或其他坚硬材料）地面，表面平整光滑，牵引方向（纵向）坡度应不大于0.3%，横向水平度不大于0.2%，斜度只允许向运动方向倾斜，表面不得有凹坑沟槽。

（2）牵引绳（链）的绳轮（链轮）与转角轮沟槽中心线应在同一平面，偏差不得大于10毫米。

（3）转角轮与绳轮的安装应牢固可靠。

（4）限位清洁器及清洁器与牵引绳中心应对正，牵引绳不得碰磨清洁器与压板中心槽内壁。

（5）刮粪板工作时，在整个宽度上刀口应与地面接触良好。刮板起落灵活，无卡碰现象。

（6）清粪机空运转时不得有异响。牵引绳不得有抖动，工作应平稳。

（7）安全离合器在允许负荷内，应结合可靠，超过负荷时应能完全分离。

（8）往复清粪机相邻两个刮板工作行程的重叠长度应不小于1米。

（9）采用这种方式要注意机件各部位的保养与维修，特别是钢丝绳很容易腐蚀，要经常检查。

此外，还有利用高压水枪的冲力来清粪的。利用高压水枪清粪比较简单而且干净，但需较多量的水，且冲出舍外的鸭粪不便于作有机肥料使用，易造成对环境的污染。

## 七、清洗消毒设施

为做好鸭场的卫生防疫工作，保证鸭只健康，鸭场必须有完善的清洗消毒设施。设施包括人员、车辆的清洗消毒和舍内环境的清洗消毒设施。

1. 人员的清洗消毒设施

一般在鸭场入口处设有人员脚踏消毒池，外来人员和本场人员在进入场区前都应经过消毒池对鞋进行消毒。同时还要放洗手盆，里面放消毒水，出入鸭舍要消毒洗手，还应备有在鸭舍内穿戴的防疫服、防疫帽、防疫鞋。条件不具备者，可用穿旧的衣服等代替，清洗干净消毒后专门在鸭舍内穿用。

2. 车辆的清洗消毒设施

鸭场的入口处设置车辆消毒设施，主要包括车轮清洗消毒池和车身冲洗喷淋机。

3. 场内清洗消毒设施

舍内清洗多采用高压水枪。舍内地面、墙面、屋顶及空气的消毒多用喷雾消毒和熏蒸消毒。喷雾消毒采用的喷雾器有背式、手提式、固定式和车式高压消毒器，熏蒸消毒采用熏蒸盆，熏蒸盆最好采用陶瓷盆或金属盆，切忌用塑料盆，以防火灾发生。

## 八、其他设备及用品

1. 饲料加工设备

现代化、高效益的肉用鸭生产，大多采用全价配合饲料。因此，除“公司+农户”养殖模式由公司提供饲料外，其他养殖模式都必须备有饲料加工设备，对不同饲料原料，在喂饲之前进行一定的粉碎、混合和加工。

（1）饲料粉碎机：一般精、粗饲料在加工全价配合料之前，都应粉碎。粉碎的目的，主要是提高肉用鸭对饲料的消化吸收率，同时也便于将各种饲料混合均匀和加工成多种饲料（如粉状、颗粒状等）。在选择粉碎机时，要求机器通用性好（能粉碎多种原料），成品粒度均匀，结构简单，使用、维修方便。

目前生产中应用最普遍的多为锤片式粉碎机，这种粉碎机主要是利用高速旋转的锤片来击碎饲料。工作时，物料从喂料斗进入粉碎室，受到高速旋转的锤片打击和齿板撞击，使物料逐渐粉碎成小碎粒，通过筛孔的饲料细粒经吸料管吸入风机，转而送入集料筒。

（2）饲料混合机：自行配料饲料混合机是不可缺少的重要设备之一。混合按工序，大致可分为批量混合和连续混合两种。批量混合设备常用的是立式混合机或卧式混合机，连续混合设备常用的是桨叶式连续混合机。生产实践表明，立式混合机动力消耗较少，装卸方便；但生产效率较低，搅拌时间较长，适用于小型饲料加工。卧式混合机的优点是混合效率高，质量好，卸料迅速；其缺点是动力消耗大，一般适用于大型饲料加工。桨叶式连续混合机结构简单，造价较低，适用于较大规模的专业户养鸭场使用。

（3）饲料压粒机：自行配料生产颗粒饲料还需要压粒机，目前生产中应用最广泛的是环模压粒机和平模压粒机。环模压粒机又可分为立式和卧式两种。立式环模压粒机的主轴是垂直的，而环模圈则呈水平配置；卧式环模压粒机的主轴是水平的，环模圈呈垂直配置。一般小型厂（场）多采用立式环模压粒机，大、中型厂（场）则采用卧式压粒机。

2. 填饲机械

填饲机械常分为手动填饲和电动填饲机两类。

（1）手动填饲机：这种填饲机规格不一，主要由料箱和唧筒两部分组成。填饲嘴上套橡胶软管，其内径 1.5～2 厘米，管长 10～13 厘米。手动填饲机结构简单，操作方便，适用于小型鸭场使用。

（2）电动填饲机：电动填饲机又可分为两大类型。一类是螺旋推运式，它利用小型电动机，带动螺旋推运器，推运玉米经填饲管填入鸭食道。这种填饲机适用于填饲整粒玉米，效率较高。另一类是压力泵式，它利用电动机带动压力泵，使饲料通过填饲管进入鸭食道。这种填饲机采用尼龙和橡胶制成的软管做填饲管，不易造成咽喉和食道的损伤，也不必多次向食道捏送饲料，生产率也高，这种填饲机适合于填饲糊状饲料。

3. 运输笼

用作专业户育肥鸭的运输，铁笼或竹笼均可，每只笼可容 8～10 只，笼顶开一小盖，盖的直径为 35 厘米，笼的直径为75厘米，高40厘米。

4. 照明设备

鸭舍内应设有两套照明设备，一部分光线较弱，作为鸭群休息时用；一部分强光照明，供饲喂和刺激活动时用。

饲养雏鸭一般用普通电灯泡照明，灯泡以15瓦和40瓦为宜，1～6日龄用40瓦灯泡，7日龄后用15瓦灯泡。每20平方米使用1个，灯泡高度以1.5～2米为宜。若采用日光灯和节能灯可节约用电量50%以上。

5. 干湿温度计

一栋鸭舍内至少悬挂2支干湿温度计。

6. 饲料贮藏间

采用饲喂全价料的方式，鸭场可不设饲料加工房。自己加工饲料的鸭场，应根据饲养规模购置原料粉碎机、饲料搅拌机、饲料制粒机、成品料包装等设备、原料储存仓等。

饲料储存时间不宜过长，按储存3天的饲料量计，饲养后期5000只鸭每天每只自由采食耗料150克，则每天耗料750千克，3天需2100千克，可按储存3吨设计以满足需要。

7. 其他设施

药品储备室、兽医化验室、解剖室、储粪场所及鸭粪无害化处理设施、配电室及发电房、场区厕所、塑料桶、小勺、料撮、秤（用来称量饲料和鸭体重）、铁锹、笤帚、叉子、水桶、刷子等可根据需要自行准备。

自行屠宰加工的养殖户还须配置屠宰加工设备等。

# 第三章　肉用鸭的营养与饲料

鸭与其他家禽一样，为了维持生命、生长和繁殖，需不断地从饲料中摄取能量、蛋白质、无机盐、维生素、水等营养物质，经过消化道消化吸收将营养素转化成骨骼、羽毛、肌肉、脂肪等。

## 第一节　肉用鸭的营养需要

肉用鸭的营养要求各种营养比例适当的全价配合饲料，任何微量成分的不足或缺乏都可能出现病态反应。

1. 能量

鸭的一切生理活动过程，包括呼吸、循环、消化、吸收、排泄、体温调节等都需要能量。能量主要来源于日粮中的碳水化合物和脂肪。鸭对能量的需要是有限的，多余的能量可转化为脂肪贮存在体内。

2. 蛋白质

鸭对蛋白质的需要实际上是对各种氨基酸的需要。鸭的必需氨基酸有 10 种，即赖氨酸、蛋氨酸、色氨酸、亮氨酸、异亮氨酸、苯丙氨酸、苏氨酸、缬氨酸、精氨酸和组氨酸。

在保证蛋白质供应的同时，还应注意蛋白质的品质，即要求蛋白质中氨基酸平衡，以保证充分吸收。各种饲料中蛋白质的氨基酸组成是不同的，生产中应注意合理搭配饲料，必要时补充部分氨基酸。饲喂玉米、豆粕型日粮，易缺乏蛋氨酸，应补充蛋氨酸；饲喂玉米、花生粕型日粮，易缺乏赖氨酸，应主要补充赖氨酸。

鸭蛋白质的来源主要是蛋白质饲料，常用的有豆饼（粕）、花生仁饼（粕）、菜籽饼（粕）、棉仁饼（粕）、鱼粉、肉粉、小杂鱼等。一般日粮中有3%～10%的动物性蛋白质饲料对鸭的生长和繁殖非常有利，尤其是具有鱼腥味的动物性蛋白饲料。

3. *矿物质*

矿物质饲料都是含营养物质比较专一的饲料，如磷酸氢钙、磷酸钙、骨粉等用来补充日粮中钙、磷的不足；石粉、贝壳粉、碳酸钙等含钙的饲料，专门用来补充钙；食盐用来补充钠和氯的不足；硫酸亚铁和硫酸铜分别补充铁和铜的不足。鸭生理需要的矿物元素种类虽多，但在正常饲养条件下，需要大量补充的种类并不多，常量元素中主要是钙、磷、钠和氯；微量元素主要是铁、铜、锌、锰、硒、碘、钴和铬等。

微量元素矿物质补充料主要有硫酸亚铁、硫酸铜、硫酸锰、硫酸锌、碘化钾、亚硒酸钠和氯化钴等。目前市售产品大多是复合微量元素。市场也有少量含硒的单一微量元素产品，使用时要注意，如在购置的预混料或浓缩料中已含有硒，就不必重复使用，以免发生硒中毒。

4. *维生素*

维生素是维持鸭生长发育、新陈代谢必不可少的物质，其营养价值不亚于蛋白质、碳水化合物和矿物质，包括脂溶性维生素和水溶性维生素两大类。脂溶性维生素包括维生素A、维生素D、维生素E、维生素K等。水溶性维生素包括维生素C和B族维生素，B族维生素包括维生素$B_1$、维生素$B_2$、维生素$B_6$、烟酸、叶酸、泛酸、生物素、胆碱、维生素$B_{12}$。鸭需要13种维生素，缺少任何一种都会造成代谢紊乱，生长迟缓，生产力下降，抗病力减弱，直至死亡，但用量过多也会引起疾病的发生。青绿饲料及糠麸饲料中均含多种维生素，只要经常供给鸭优质的青绿饲料，一般情况下不会造成维生素缺乏。

5. 水

水是动物机体组成和体内代谢的重要组成成分，水对保护细胞的正常形态、维持渗透压和体内酸碱平衡起重要作用。鸭口腔内唾液腺不发达，每采食一口料就饮一次水，以保证食物顺利下咽，若供水不足，将会影响正常采食。缺水和长期饮水不足，使机体健康受损，生长发育不良或体重下降，产蛋量迅速下降，蛋壳变薄，蛋重减轻。当体内水分损失10%时导致代谢紊乱，损失20%就可能造成死亡。因此，必须持续不断地给鸭提供清洁新鲜的饮水，尤其在环境温度较高时，更不能断水。

## 第二节 肉用鸭常用饲料的选择

饲料成本在养鸭成本中占到70%左右，选择何种饲料直接关系到鸭饲养的经济效益。

## 一、购买饲料

根据国内目前的情况，“公司＋农户”养殖模式的养殖者需采用公司提供的饲料，专业户饲养模式的养殖者可以采用信誉较好的中型或大型饲料厂生产的价格适中的肉用鸭专用全价颗粒饲料、预混料。不要贪图便宜，到一些小型饲料加工厂或代销处购买无商标、无批准文号、无检验合格证的饲料。

1. 选购优质全价饲料

根据不同的生长日龄的营养需求，“公司＋农户”养殖模式的公司根据不同阶段提供不同的饲料。

“548”：良种肉小鸭料，0～21日龄饲喂。

“548L”：普通肉小鸭料，0～21日龄饲喂。

“549”：良种肉大鸭料，22日龄至出栏饲喂。

“549L”：普通肉大鸭料，22日龄至出栏饲喂。

2. 选购优质预混料

专业户饲养模式为降低饲料成本，自己购买豆粕、玉米、糠麸等主料，然后再买预混料，自行调制鸭用全价料，这种做法是可以的，但需要提醒养殖者注意的是预混料的营养成分、结构很复杂，没有一定专业技术的小型饲料生产单位是很难研发出高标准、高质量的饲料配方。因此使用这样的预混料调制出来的饲料就很难做到营养“全价”，必然影响肉用鸭的生长发育和养鸭户的经济效益。所以，养殖者自己购买预混料一定要选好厂家，选好品牌，注重质量。

## 二、自配饲料

专业户饲养模式的养殖者除购买肉用鸭专用全价颗粒饲料、预混料外，还可以自行配制。

### （一）肉用鸭的常用饲料种类

规模化养鸭使用的是配合全价饲料，配合全价饲料是由多种饲料原料按一定比例混合而成。饲料原料按其营养素分为四类，即能量饲料、蛋白质饲料、矿物质饲料、饲料添加剂，水不列入饲料行列。

1. 能量饲料

能量饲料是指那些富含碳水化合物和脂肪的饲料，干物质中粗纤维含量在18%以下，粗蛋白质含量在20%以下。这类饲料主要包括禾本科的谷实（玉米、碎米、大麦、燕麦等）、麸糠及块根、块茎类等以及动、植物油脂等，是鸭饲料的主要成分，用量占日粮的60%左右。

调查中发现，在某些地区常见配料时以次粉代替玉米作为能量饲料的做法，实际上这种做法不可取。因为用次粉配出的全价鸭料，可使鸭采食量增大，从而增加配料工作量及鸭粪便排泄量。

2. 蛋白质饲料

蛋白质饲料一般指饲料干物质中粗蛋白质含量在20%以上，粗纤维含量在18%以下的饲料。蛋白质饲料主要包括植物性蛋白质饲料和动物性蛋白质饲料及酵母。

（1）植物性蛋白质饲料：主要有豆饼（粕）、花生饼、葵花饼、芝麻饼、菜籽饼、棉籽饼等。

（2）动物性蛋白质饲料：主要有鱼粉、肉骨粉、蚕蛹粉、血粉、羽毛粉等。

3. 青绿饲料

青绿饲料是指水分含量为60%以上的青绿饲料、树叶类及非淀粉质的块根、块茎、瓜果类。青绿饲料富含胡萝卜素和B族维生素，并含有一些微量元素，适口性好，对鸭的生长及维持健康均有良好作用。常见的青绿饲料有白菜、甘蓝、野菜（如苦荬菜、鸭食菜、蒲公英等）、苜蓿草、洋槐叶、胡萝卜、牧草等。冬春季没有青绿饲料，可喂苜蓿草粉、洋槐叶粉、松针粉或芽类饲料，同样会收到良好效果。

4. 矿物质饲料

矿物质饲料主要为鸭提供钙、磷、钾、钠、氯等常量无机盐饲料和提供铁、铜、锰、锌、碘、硒等微量元素的无机盐和其他产品。常用矿物质饲料的骨粉、石粉、贝壳粉、食盐、沙粒等。

（1）骨粉：骨粉是家畜的骨骼在炉中加热，经高温、高压、脱胶、脱脂碾碎而成，含钙约26%、磷13%，是良好的钙、磷来源。

（2）贝壳粉：贝壳粉为海产软体动物的外壳粉碎而成，含钙量38%，常用以补充饲料中钙质的不足，蛋壳粉也有类似的作用。

（3）食盐：在植物性饲料中大多缺少钠和氯，一般日粮中可添加食盐0.15%～0.30%，既可满足鸭对钠、氯的需要，并有调味、增进食欲的作用。在与鱼粉共用时，使用前注意鱼粉的含盐量，如鱼粉含盐量高（咸鱼粉），就不必再添加食盐，以防食盐中毒。

（4）沙粒：沙粒不是饲料，在日粮中添加沙粒有助于提高鸭肌胃对饲料的研磨力，从而提高饲料的消化利用率。一般在2～3周时，喂以粒径1.5～3.0毫米沙粒，每周每只鸭5～10克即可。

（5）木炭粉：木炭粉能吸收鸭肠道中的一些有害物质。一般鸭腹泻时在日粮中添加2%的量饲喂，恢复正常后停喂。

5. 饲料添加剂

鸭常用的添加剂有维生素、微量元素、氨基酸（赖氨酸和蛋氨酸）、抗生素、饲料防霉剂、抗氧化剂等，添加到日粮中，可起到不同的作用，如增加营养，促进生长，增进食欲，防止饲料变质，改善饲料及畜产品品质，进一步提高鸭的生产性能。

（1）维生素添加剂：目前采用较多的是禽用多种维生素。这是一种效果良好的维生素添加剂，省工，省时，但价格很高，市售的质量各异，选购时应慎重。最好采用单一维生素，根据不同鸭种类、不同阶段的维生素需要量，自行配制。

（2）氨基酸添加剂：添加于日粮中的氨基酸主要是植物性饲料中最缺乏的必需氨基酸——蛋氨酸与赖氨酸。在动物性饲料比例较低的日粮中必须补加。

（3）微量元素添加剂：微量元素添加剂常用的有硫酸铜、硫酸钴、硫酸锰、硫酸锌、硫酸亚铁、氧化铜、氧化钴、氧化锰、氧化锌、氧化亚铁、碘化钾和碘酸钙等。微量元素添加剂在日粮中添加量很少，每1000千克饲料1～9

克。因此，要特别注意混合均匀，否则日粮中某一部分含量过多或过少均会给鸭生长发育造成不良影响。使用的微量元素添加剂必须干燥。

（4）非营养性添加剂

①抗氧化剂：防止脂肪和脂溶性维生素（维生素A、维生素D、维生素E、维生素K）的氧化变质。抗氧化剂有乙氧喹啉、丁基化羟基甲苯（BHT）、丁基化羟基苯甲醚（BHA），抗氧化剂的用量一般为115克/吨饲料。

②防霉剂：抑制霉菌生长，防止饲料发霉。常用的有丙酸钠、丙酸钙等，添加剂量分别是2.5克/吨和5克/吨。

③促生长剂：抑制有害细菌的生长，同时对鸭的生长有促进作用。常用的促生长剂有对氨基苯胂酸、杆菌肽锌、金霉素、红霉素、土霉素、青霉素、泰乐菌素等。

④酶制剂：日粮中的碳水化合物、蛋白质、脂肪等都需要经过内源酶分解再被鸭吸收，因此，在饲料中添加一些复合酶制剂，可以有效地提高对各种营养成分的吸收和利用。复合酶常包括淀粉酶、蛋白酶、脂肪酶以及纤维素酶等。

⑤菌制剂：菌制剂又称EM，即有益微生物。在饲料中添加EM可以抑制鸭体内的有害菌，提高鸭的抗病力，同时对提高饲料利用率也有一定作用。另外，还可减少氨和其他有害气体的产生，对改善环境有一定作用。

（5）使用饲料添加剂注意事项

①正确选择：目前饲料添加剂的种类很多，每种添加剂都有各自的用途和特点。因此，应充分了解它们的性能，然后结合饲养目的、饲养条件及健康状况等，选择使用。但不

允许在饲料中额外添加增色剂，如砷制剂、铬制剂、铜制剂、免疫因子等。

②用量适当：用量少达不到目的，用量多既增加饲养成本还会中毒。用量多少应严格遵照生产厂家在包装上的使用说明。

③搅拌均匀程度与效果有直接相关：饲粮中混合添加剂时，要必须搅拌均匀，否则即使是按规定的量添加，也往往起不到作用，甚至会出现中毒现象。若采用手工拌料，可采用三层次分级拌和法，具体做法是先确定用量，将所需添加剂加入少量的饲料中，拌和均匀，即为第一层次预混料；然后再把第一层次预混料掺到一定量（饲料总量的 1/5～1/3）饲料上，再充分搅拌均匀，即为第二层次预混料；最后再把二层次预混料掺到剩余的饲料上，拌匀即可。这种方法称为饲料三层次分级拌合法。由于添加剂的用量很少，只有多层次分级搅拌才能混匀。

④混于干粉料中：饲料添加剂只能混于干饲料（粉料）中，短时间贮存待用才能发挥它的作用。不能混于加水的饲料和发酵的饲料中，更不能与饲料一起加工或煮沸使用。

⑤贮存时间不宜过长：大部分添加剂不宜久放，特别是营养添加剂、特效添加剂，久放后容易受潮发霉变质或氧化还原而失去作用，如维生素添加剂、抗生素添加剂等。

### （二）饲料的配制方法

1．预混料配制

预混料按说明书添加配料，经过 5～6 次混合搅拌，即成全价配合饲料。

2. 自配饲料参考配方

(1) 0～28日龄雏鸭饲料参考配方

配方一：玉米60%，大麦10%，豆饼15%，鱼粉10%，草粉3%，骨粉1.7%，盐0.3%。

配方二：玉米50%，大麦10%，豆饼20%，麸皮5%，米糠5%，鱼粉8%，骨粉1.7%，盐0.3%。

配方三：玉米50%，大麦6%，米糠10%，麸皮5%，鱼粉10%，松针粉2%，豆饼10%，三等粉5%，骨粉1.7%，盐0.3%。

配方四：玉米35%，面粉26.5%，米糠30%，豆类（炒）5%，贝壳粉2%，骨粉1%，食盐0.5%。

配方五：玉米35%，面粉26.5%，米糠25%，高粱10%，贝壳粉2%，骨粉1%，食盐0.5%。

(2) 29日龄至出栏育肥鸭饲料参考配方

①自食饲料配方

配方一：玉米64%，麸皮6%，豆饼19%，鱼粉8.7%，骨粉1%，生长素1%，食盐0.3%。

配方二：玉米68.3%，麸皮16%，豆饼2.5%，苜蓿干草粉8%，鱼粉3%，骨粉1%，石粉1%，食盐0.2%。

配方三：糙米、碎米84.9%，芝麻饼9.6%，鱼粉3%，骨粉1%，石粉1.1%，食盐0.4%。

配方四：玉米76.9%，麸皮10%，豆饼6%，鱼粉5%，骨粉1%，石粉1%，蛋氨酸0.1%。

配方五：玉米64.1%，麸皮16%，豆饼5%，苜蓿干草粉9.6%，鱼粉3%，无机盐2%，食盐0.3%。

②填饲饲料配方

配方一：玉米 60%，麸皮 10%，草粉 4%，米糠 10%，豆饼 4%，菜饼 5%，鱼粉 5%，骨粉 1.7%，食盐 0.3%。

配方二：玉米 58%，大麦 8%，高粱 5%，豆饼 10%，鱼粉 5%，麸皮 7%，草粉 3%，骨粉 1.7%，松针粉 2%，食盐 0.3%。

在上述两种饲料配方中，每 100 千克还要加沙粒 2 千克。

**（三）饲料的加工调制**

1. 能量饲料的加工

能量饲料的营养价值和消化率一般都比较高，但是能量饲料籽实的种皮、壳、内部淀粉粒的结构等，都能影响其消化吸收，所以能量饲料也需经过一定的加工，以便充分发挥其营养物质的作用。常用的方法是粉碎，但粉碎不能太细，一般加工成直径 2～3 毫米的小颗粒为宜。

能量饲料粉碎后，与外界接触面积增大，容易吸潮和氧化，尤其是含脂肪较多的饲料，容易变质发苦，不宜长久保存。因此，能量饲料一次粉碎数量不宜太多。

2. 蛋白质饲料的加工

蛋白质饲料包括棉籽饼、菜籽饼、豆饼、花生饼、亚麻仁等，蛋白质饲料由于粗纤维含量高，作为鸭饲料营养价值低，适口性差，需要进行加工处理。

（1）棉籽饼去毒主要通过以下几种方法

①硫酸亚铁石灰水混合液去毒法：100 千克清水中放入新鲜生石灰 2 千克，充分搅匀，去除石灰残渣，在石灰浸出

液中加入硫酸亚铁（绿矾）200克，然后投入经粉碎的棉籽饼100千克，浸泡3～4小时即可。

②硫酸亚铁去毒法：可在粉碎的棉籽饼中直接混入硫酸亚铁干粉，也可配成硫酸亚铁水溶液浸泡棉籽饼。取100千克棉籽饼粉碎，用300千克1%的硫酸亚铁水溶液浸泡，约24小时后，水分完全浸入棉籽饼中，便可用于喂鸭。

③尿素或碳酸氢铵去毒法：以1%尿素水溶液或2%的碳酸氢铵水溶液与棉籽饼混拌后堆沤。一般是将粉碎过的100千克棉籽饼与100千克尿素溶液或碳酸氢铵溶液放在大缸内充分拌匀，然后先在地面铺好薄膜，再把浸泡过的棉籽饼倒在薄膜上摊成20～30厘米厚的堆，堆周用塑料膜严密覆盖。堆放24小时后，扒堆摊晒，晒干即可。

④加热去毒法：将粉碎过的棉籽饼放入锅内加水煮沸2～3小时，可部分去毒。此法去毒不彻底，故在日粮中混入量不宜太多，以占日粮的5%～8%为佳。

⑤小苏打去毒法：以2%的小苏打水溶液在缸内浸泡粉碎后的棉籽饼24小时，取出后用清水冲洗2次，即可达到去毒目的。

（2）菜籽饼去毒主要有土埋法、硫酸亚铁法、硫酸钠法、浸泡煮沸法。

①土埋法：挖1立方米容积的坑（地势要求干燥、向阳），铺上草席，把粉碎的菜籽饼加水（饼水比为1∶1）浸泡后装入坑内，2个月后即可饲用。

②硫酸亚铁法：按粉碎饼重的1%称取硫酸亚铁，加水拌入菜籽饼中，然后在100℃下蒸30分钟，再放至鼓风干燥箱内烘干或晒干后饲用。

③硫酸钠法：将菜籽饼掰成小块，放入0.5%的硫酸钠水溶液中煮沸2小时左右，并不时翻动，熄火后添加清水冷却，滤去处理液，再用清水冲洗几遍即可。

④浸泡煮沸法：将菜籽饼粉碎，把粉碎后的菜籽饼放入温水中浸泡10～14小时，倒掉浸泡液，添水煮沸1～2小时即可。

(3) 大豆饼（粕）去毒法：一般采用加热法。将豆饼（粕）在温度110℃下热处理3分钟即可。

(4) 花生饼去毒法：一般采用加热法。在120℃左右，热处理3分钟即可。

(5) 亚麻仁饼去毒法：一般采用加热法。将亚麻仁饼用凉水浸泡后高温蒸煮1～2小时即可。

(6) 鱼粉的加工：鱼粉加工有干法、湿法和土法3种。

干法生产是原料经过蒸干、压榨、粉碎、成品包装去毒的过程。湿法生产是原料经过蒸煮、压榨、干燥、粉碎包装去毒的过程。干、湿法生产的鱼粉质量好，适用于大规模生产，但投资费用大。

土法生产有晒干法、烘干法和水煮法3种。晒干法是原料经盐渍、晒干、磨粉去毒的方法。生产的是咸鱼粉，未经高温消毒，不卫生。含盐量一般在25%左右；烘干法是原料经烘干、磨碎而去毒的方法，原料里可不加盐，成品鱼粉含盐量较低，质量比前一种略好；水煮法是原料经水煮、晒干或烘干、磨粉过程去毒的方法。此法因原料经过高温消毒，质量较好。

3. 青绿饲料的加工

(1) 切碎法：切碎法是青绿饲料最简单的加工方法，常用于养鸭少的农户。青绿饲料切碎后，有利于鸭吞咽和消化。

（2）干燥法：干燥的牧草及树叶经粉碎加工后，可供作配合鸭饲粮的原料，以补充饲粮中的粗纤维、维生素等营养。

青绿饲料收割期为禾本科植物由抽穗至开花，豆科从初花至盛花，树叶类在秋季，其干燥方法可分为自然干燥和人工干燥。

自然干燥是将收割后的牧草在原地暴晒5～7小时，当水分含量降至30％～40％时，再移至避光处风干，待水分降至16％～17％时，就可以上垛或打包贮存备用。堆放时，在堆垛中间要留有通气孔。我国北方地区，干草含水量可在17％限度内贮存，南方地区应不超过14％。树叶类青绿饲料的自然干燥，应放在通风好的地方阴干，要经常翻动，防止发热和日晒，以免影响产品质量。待含水量降到12％以下时，即可进行粉碎。粉碎后最好用尼龙袋或塑料袋密封包装贮藏。

人工干燥的方法有高温干燥法和低温干燥法两种。高温干燥法在800～1100℃下经过3～5秒钟，使青绿饲料的含水量由60％～85％降至10％～12％；低温干燥法以45～50℃处理，经数小时使青绿饲料干燥。

青绿饲料的人工干燥，可以保证青绿饲料随时收割、随时干燥、随时加工成草粉，可减少霉烂，制成优质的干草或干草粉，能保存青绿饲料养分的90％～95％。而自然干燥只能保持青绿饲料养分的40％，且胡萝卜素损失殆尽。但人工干燥工艺要求高，技术性强，且需一定的机械设备及费用等。

4. 颗粒料的加工

颗粒饲料是全价配合饲料加上结合剂经颗粒机压制而成，最大优点是进食营养全面，比例稳定，而且容易采食，采食量大，饲料浪费少，已为广大养鸭场所接受。

雏鸭的前期料大部分采用 2.5～3 毫米孔径的模板制成颗粒，再用破碎机破碎，后期料采用 3～4 毫米孔径的模板制成颗粒后不再破碎。颗粒饲料的优点是适口性好，鸭喜食、采食量多，保证了饲料的全价性；制造过程中经过加压加温处理，破坏了部分有毒成分，起到了杀虫、灭菌作用，饲料比较卫生，有利于淀粉的糊化，提高了利用率。但颗粒饲料制作成本较高，在加热加压时使一部分维生素和酶失去活性，宜酌情添加。制粒增加了水分，不利于保存。

## 第三节　饲喂方式

鸭的饲料按其形状区分，有粒料、粉料、颗粒饲料、碎粒料 4 种。

1. 粒料饲喂法

指保持原来形状的谷粒或加工打碎后的谷物饲料。

2. 粉料饲喂法

指谷物磨粉后加上糠麸、鱼粉、矿物质粉末及各种添加剂等混合而成的粉状饲料。粉料的营养完善、鸭不易挑食。但粉料适口性差一些，而且容易飞散，并且鸭有甩食的习惯，易造成浪费，因此鸭适宜拌水而成的湿拌料或潮拌料。

3. 颗粒料饲喂法

颗粒饲料是将已配合好的粉料用颗粒机制成直径为2.5～5.0毫米的颗粒。这种颗粒饲料的优点是营养完善，适口性强，鸭无法挑选，避免偏食，防止浪费，便于机械化喂料，节省劳力。但在夏季因高温影响，鸭的食欲不振时，可采用颗粒饲料来增加鸭的采食量。颗粒饲料因需加工制造颗粒，成本稍高。此外，如水分含量较高时夏季保存不当易发霉，需加注意。

4. 碎粒料饲喂法

将制成的颗粒再经加工破碎的饲料，适于雏鸭喂用，只是加工成本较高。

## 第四节　饲料保存

1. 购买饲料的贮藏

购买的饲料包括全价饲料、预混饲料、浓缩饲料等。这些饲料因内容物不一致，贮藏特性也各不相同；因料型不同，贮藏性也有差异。

（1）全价颗粒饲料：全价颗粒饲料经蒸汽或水加压处理，已杀死绝大部分微生物和害虫，而且孔隙度较大，含水较低。因此，其贮藏性能较好，只要防潮贮藏，1个月内不易霉变，也不容易因受光的影响而使维生素受到破坏。

（2）全价粉状饲料：全价粉状饲料大部分以谷物类为原料，表面积大，孔隙度小，导热性差，且容易吸湿发霉。其中的维生素随温度升高而损失加大。另外，光照也能引起维生素损失。因此，这类饲料不宜久放，最好不要超过2周。

(3) 浓缩饲料：浓缩饲料导热性差，易吸潮，因而易繁殖微生物和害虫，其中的维生素易受热、氧化而失效。因此，可以在其中加入适量的抗氧化剂，不宜久贮。

(4) 添加剂预混料：添加剂预混料主要由维生素和微量矿物质元素组成，有的还添加了一些氨基酸和药品及一些载体。这些成分极易受光、热、水汽影响。存放时要放在低温、遮光、干燥的地方，最好加一些抗氧化剂，不宜久贮。维生素可用小袋遮光密闭包装，使用时再与微量矿物质部分混合。

2. 自配饲料原料的保存

(1) 玉米贮藏：玉米主要是散装贮藏，一般立筒仓都是散装。立筒仓虽然贮藏时间不长，但因玉米厚度高达几十米，水分应控制在14%以下，以防发热。不是立即使用的玉米，可以入低温库贮藏或通风贮藏。若是玉米粉，因其空隙小，透气性差，导热性不良，不易贮藏。如水分含量稍高，则易结块、发霉、变苦。因此，刚粉碎的玉米应立即通风降温，装袋码垛不宜过高，最好码成“井”字垛，便于散热，及时检查，及时翻垛，一般应采用玉米籽实贮藏，需配料时再粉碎。

其他籽实类饲料贮藏与玉米相仿。

(2) 饼粕贮藏：饼粕类由于本身缺乏细胞膜的保护作用。营养物质外露，很容易感染虫、菌。因此，保管时要特别注意防虫、防潮和防霉。入库前可使用磷化铝熏蒸，用敌百虫、林丹粉灭虫消毒。仓底铺垫也要彻底做好，最好用砻糠作垫底材料。垫糠要干燥压实，厚度不少于20厘米，同时要严格控制水分，最好控制在5%左右。

（3）麦麸贮藏：麦麸破碎疏松，孔隙度较面粉大，吸潮性强，含脂量多（多达5%），因而很容易酸败、霉变和生虫，特别是夏季高温潮湿季节更易霉变。贮藏麦麸在4个月以上，酸败就会加快。新出机的麦麸应把温度降至10～15℃再入库贮藏，在贮藏期要勤检查，防止结露、吸潮、生霉和生虫。一般贮藏期不宜超过3个月。

（4）米糠贮藏：米糠脂肪含量高，导热不良，吸湿性强，极易发热酸败，贮藏时应避免踩压，入库时米糠要勤检查、勤翻、勤倒，注意通风降温。米糠贮藏稳定性比麦麸还差，不宜长期贮藏，要及时推陈贮新，避免损失。

（5）叶粉的贮藏：叶粉要用塑料袋或麻袋包装，防止阳光中紫外线对叶绿素和维生素的破坏。另外，贮存场所应保持清洁、干燥、通风，以防吸湿结块。在良好的贮存条件下，针叶粉可保存2～6个月。

（6）青干草贮藏

①露天堆垛：堆垛有长方形、圆形等。堆垛时，应尽量压紧，加大密度，缩小与外界环境的接触面，垛顶用薄膜覆盖。

②草棚堆藏：气候湿润或条件较好的牧场，应建造简易的干草棚贮藏干草。草棚贮藏干草时，应使棚顶与干草保持一定的距离，以便通风散热。

③压捆贮藏：把青干草压缩成长方形或圆形的草捆，然后贮藏。草捆垛长20米、宽5～6米、高18～20层干草捆，每层布设通风道，数目根据青干草含水量与草捆垛的大小而定。

## 第五节 节约饲料的技巧

饲料费的支出约占鸭饲养生产成本的70%左右，在保证日粮营养满足的前提下，降低日粮的成本费用对生产经营具有重大的经济意义，所以节约日粮是饲养鸭生产技术关键之一。

1. 合理保存饲料

保存饲料时不让饲料因为受潮发霉造成一些不需要的损失，在夏秋季节的时候要特别注意，因为这时候天气都比较潮湿，合理科学地储存好饲料就可减少不必要的浪费，储存饲料时要注意避光，通风，防蛀虫的问题。

2. 注意饲喂方式

对饲料剂型的选择，各农户可根据当地商品饲料的实际情况和自己的加工能力酌情考虑，饲喂方式也可灵活掌握，但无论是采用何种喂料形式喂鸭，均应采取少给勤添，一次加料不宜过多，每次加料以吃完为原则，同时还要注意每次加料量不要超过料槽或料盆深度的1/3，以免鸭子将饲料甩到槽外。

此外，饲喂蛋鸭的料槽一般应以尖底、肚大、口小、长度以每只鸭均能占据一个采食位置，宽度以鸭群不能自由进出料槽且采食方便为好，料槽的放置高度一般以高出鸭1.5～2厘米为宜。

3. 饲料的混合

和其他动物一样，鸭也不可能无限制地吸收饲料中的营养，如果饲料搭配的不合理，过多的营养只能是白白的浪费。饲料过粗，颗粒太大，鸭在吃进去没有经过充分消化吸收就排出体外，造成不必要的浪费，所以在鸭的养殖过程中可以合理地利用好全价饲料，把全价饲料和其他的饲料合理地搭配在一起，做到营养成分的平衡，减少对全价饲料的浪费。

鸭特别喜食动物性昆虫，有条件时应人工养殖一些动物性昆虫饵料，以满足其对动物蛋白质的需要。

4. 鸟、鼠虫害的防治

小鸟和老鼠不仅会传播很多疾病，而且还会吃掉大量的饲料，而且有的老鼠还会咬死或是惊吓到雏鸭，带来不必要的死亡，所以在养殖过程中一定要重视这些，避免不必要的损失。

5. 鸭舍温度的控制

如果天气太冷体内消耗的热量就比较多，就需要不断地吃东西来补充能量，因此冬季鸭的进食量就会增加，增加饲料成本，所以冬季要合理地控制好鸭舍内的温度，夏天要注意降温。

# 第四章　肉用鸭的饲养管理

肉用鸭的饲养管理分两个阶段，即0～28日龄的雏鸭管理阶段和29～60日龄的育肥管理阶段。

## 第一节　0～28日龄鸭的管理

对于肉用鸭生产来说，做好0～28日龄鸭的饲养管理至关重要，因为鸭的早期生长速度是所有家禽中最快的一种。这一阶段的基础打牢固了，就可获得相当高的饲料报酬。

0～28日龄鸭培育的关键是抓好最初的保温和喂养，培育的目的是努力保证成活率达到90％以上。

### 一、0～28日龄鸭的生理特点

从孵化出壳到28日龄的小鸭称为雏鸭，要培育好雏鸭，首先必须了解其特点，然后根据其特点进行饲养管理。

1．调节体温机能弱

刚出壳的雏鸭个体小，绒毛短稀，体温较低，体温调节机能较弱，难以适应外界温度的变化。因此在育雏期间必须进行保温，使雏鸭生活在适宜的环境中，直至鸭的体温调节机制趋于完善后，根据情况逐渐脱温（停止给温）。

2. 生长发育迅速

雏鸭生长发育迅速，28日龄时比出生时体重增加24倍，因此育雏期间要求供给充足而优质的高蛋白质全价饲料。

3. 消化能力弱

雏鸭的嗉囊和肌胃容积很小，贮存食物很少，消化机能差。但雏鸭生长极为迅速，单位体重的新陈代谢及营养需要量较大，因此在管理上应做到给予营养成分高，且易于消化的饲料；少量多次饲喂，不断供水，满足其生理需要以助消化。若饲养管理不当，则雏鸭会因消化不良引发肠道疾病。

4. 胆小易惊，敏感性强

雏鸭对外界环境的变化非常敏感，外界的任何刺激都会导致雏鸭情绪紧张而四处乱窜，影响采食，甚至引起死亡。因此育雏期间要注意保持周围环境安静，有规律而细心地进行操作、管理。如果饲养环境较复杂，条件差，最好的措施是把可能引起鸭应激的条件（如各种响声、黑暗、强光等），在出壳后的30小时内让雏鸭适应，使其习惯于接受这种刺激，以后就不会因这种刺激引起情绪紧张而四处乱窜。

5. 免疫力弱

雏鸭娇嫩，对外界环境的抵抗力差，易感染疾病，因此，育雏时要特别重视防疫卫生工作。

6. 初期易脱水

刚出壳的雏鸭如果在干燥的环境中存放时间过长，则很容易在呼吸过程中失去很多水分造成脱水。育雏初期干燥的环境也会使雏鸭因呼吸失水过多而增加饮水量，影响消化机能。因此在育雏初期应注意湿度问题以提高育雏的成活率。

## 二、育雏前的准备工作

由于肉用鸭是舍饲饲养，打破了生产的季节性，可以全年批量生产。但为了使育雏工作取得理想效果，育雏前必须充分做好各项准备工作。

“一段式”养殖进雏前的准备可按程序直接进行，“两段式”养殖进雏前的准备则是育雏舍和育肥舍分别准备，只是育肥舍比育雏舍晚 15 天而已。

1. 进雏前 15 天

清扫院落、道路，清理排水沟，清理场舍四周杂草。以保证排水通畅，沟内无污物。

2. 进雏前 14 天

无论是新建鸭舍，还是利用过的鸭舍，在进鸭之前都要对鸭舍的门窗、屋顶、墙壁等进行检查和维修，堵塞门窗缝隙、鼠洞，特别注意防止贼风吹入。

检查维修之后要进行严格的清扫和消毒。首先清扫屋顶、四周墙壁以及设备内外的灰尘等脏物。若是循环生产，每一批鸭出舍以后，应对鸭舍进行彻底的清扫，将粪便、剩料分别清理出去，对地面、墙壁、棚顶、用具等的灰尘要打扫干净。

3. 进雏前 13 天

按顺序冲洗鸭舍的房顶、墙壁、棚架、饲养用具、地面及排水沟，从上到下，由内及外，做到不留死角。

冲洗是大量减少病原微生物的有效措施，在鸭舍打扫以后，都应进行全面的冲洗。不仅冲洗地面，而且要冲洗墙壁、网床、围网、饲料器、饮水器等一切用具。如地面粘有粪块，结合冲洗时应将其铲除。最好使用高压水枪冲洗，如没有条件应多洗一两遍，冲洗干净以后，在水中加入广谱消毒剂喷洒消毒一遍。冲洗后保证舍内任何物体表面都要冲洗到无脏物附着。

4．进雏前12天

无论采用什么热源，都必须事先检修好。如有专门通风、清粪装置及控制系统，也都要事先检修好。

（1）热风炉供暖：如果使用热风炉要事先检查，发现问题，及时维修。

（2）锅炉供暖：锅炉要进行检查维修。

（3）红外线供暖灯：红外线供暖灯安装在灯罩下。

（4）保温伞：采用保温伞育雏的将保温伞安装在适当位置，伞外围60～150厘米处安装护围。护围可用塑料网、铁丝网均可。

（5）刮粪设备：要进行试运行（“两段式”养殖的因前28日龄粪便较少，育雏舍不需要安装）。

（6）照明灯：按每平方米安装5瓦的白炽灯或20平方米安装15瓦灯泡1个，可多准备一些。灯泡距地面高度为2～2.5米。

（7）消毒药品：消毒药常用消毒王、菌毒速灭、福尔马林、氢氧化钠、百毒杀、过氧乙酸、新洁尔灭、高锰酸钾、抗毒威、生石灰、漂白粉、乙醇等，这些药根据其作用交替使用，因此可多备几种。

（8）防疫药品：根据本批养鸭数量准备各种疫苗，通常雏鸭主要用病毒性肝类、传染性浆膜炎-大肠杆菌、禽流感、鸭瘟等疫苗，可按免疫程序准备，妥善保存。

（9）其他：检修供水、电设备，损坏的设备要维修、更换。

5. 进雏前11天

清扫道路、院落，用生石灰及3%氢氧化钠溶液消毒，消毒液要保证喷洒到每个角落。

6. 进雏前10天

将设备搬入鸭舍，关闭门窗，用消毒王喷雾消毒，消毒液要保证喷洒到每个角落。

7. 进雏前9天

网床育雏的要安装棚架、塑料网和护围（网架表面要求平滑，无钉头、无毛刺）。一栋鸭舍内至少挂2支干湿温度计（离床面5厘米）。

8. 进雏前8天

摊开摆放饮水器、开食盘，以便于熏蒸消毒。一个直径30厘米的开食盘供30～50只开食，每1000只雏鸭至少需要20个2升的真空饮水器。

9. 进雏前7天

将鸭舍门窗、进风口、出气孔、下水道口等全部封闭，并检查有无漏气处；在舍温25℃，空气相对湿度75%的条件下进行熏蒸消毒。

目前，鸭舍熏蒸消毒的常用药物有两种：其一是用福尔马林消毒，按每立方米空间用高锰酸钾21克、福尔马林42毫升熏蒸消毒，或福尔马林30毫升加等量水喷洒消毒，密闭熏蒸24～48小时，消毒效果较好（陶瓷盆在棚舍中间走道，每隔10米放1个；瓷盆内先放入高锰酸钾，后倒入甲醛；从离门最远端依次开始；速度要快，出门后立即把门封严；如湿度不够，可向地面和墙壁喷水）。其二是用主要原料为二氯异氰尿酸钠的烟熏，利用二氯异氰尿酸钠在高温下产生二氧化氯和新生态氧，利用二氧化氯的强氧化能力，将菌体蛋白质氧化，从而达到杀死细菌、病毒、芽孢等病原微生物的作用。如果离进鸭还有一段时间，可以一直封闭鸭舍到进鸭前3天左右。空舍2～3周后在进鸭前约3天再进行1次熏蒸消毒。

10. 进雏前6天

按计划备足燃料。清扫鸭舍周围环境。鸭舍门前的消毒池可添加消毒液，没有消毒池的可设置消毒盆。

11. 进雏前5天

打开门窗、通气孔和排风扇，彻底排除多余熏蒸气体。此时，人员再进出必须经过消毒池（盆）脚踏消毒。

12. 进雏前4天

通风时间不少于24小时，杜绝人员进出。

13. 进雏前3天

落实进雏、进料、购药事宜。

雏鸭0～7日龄累计饲料消耗为每只250克左右（第1天全天30克，第2天31克，第3天32克，第4天34克，第5天35克，第6天36克，第7天45克）。“公司＋农户”

模式的养殖者根据合同使用“公司”的全价配合雏鸭饲料；专业户饲养模式除可购买“公司”的全价配合雏鸭饲料外，也可自己配制。自己配制时要注意原料无污染、不霉变，最好现用现配，夏季一次配料不超过 3 天用量，冬季一次配料不超过 7 天用量，饲料形状以颗粒料最好。也可从饲料厂购得复合预混合饲料或浓缩饲料再配成配合饲料。

14. 进雏前 2 天

一段式养殖可在养殖房舍内根据雏鸭数量用塑料布隔出育雏室。

育雏舍开始生火预温。无论采取何种饲养方式，按要求育雏器温度达到 35～36℃，室内温度达到 28～30℃，空气相对湿度 65%～70%。

15. 进雏前 1 天

准备好各种记录表格、连续注射器、滴管、刺种针、秤和喷雾器及其他工具。

16. 进雏前 2 小时

根据确认的大约到雏时间，在进雏前 2 小时将饮水器装满水，饮水温度，寒冷冬季提供不低于 20℃的温开水，炎热季节尽可能给雏鸭提供凉水。水中加入 6%～8%的葡萄糖或白糖，并在饮水中加入适量的药物（如 200 毫克/千克土霉素）。添水量以每只鸭 6 毫升计算，将饮水器均匀地分布在育雏器内。饮水器放置的位置应处于鸭只活动范围不超过 1.5 米的地方均匀摆放，每只鸭至少占有 2.5 厘米水位，饮水器高度要适当，水盘与鸭背等高为宜，防止鸭脚进水盘弄脏水或弄湿垫料及绒毛，甚至淹死。

准备工作全都符合要求后即可准备接雏。

## 三、接雏和分群

### 1. 鸭苗选择

采用“公司＋农户”模式养殖肉用鸭，公司负责运送雏鸭，也就不用选雏和查数，只确认大约到雏时间即可。

自行养殖者要从有《种畜禽生产经营许可证》、《动物防疫卫生许可证》和检疫合格证的种鸭孵化场选购品种优良、纯正、种鸭群没有发生过疫病的商品雏鸭，并按生产计划安排好进雏时间与数量，同时要签订购雏合同。

挑选时要注意健康雏鸭具备活泼好动，反应灵敏，叫声响亮；脐部愈合良好，无脐血，无毛区较小；腹部柔软，大小适中，卵黄吸收良好，肛门周围无污物黏附；喙、眼、腿、爪等无畸形；手握时挣扎有力；体重大小均匀，符合品种标准。

凡是站立不稳或不能站立，精神迟钝，绒毛不整，脐口闭锁不良并有残留物，腹部坚硬，卵黄吸收不良者、体重过小者都应视为弱雏。据养殖者反映，对于健壮的雏鸭其出壳时的体重大则以后的生长速度也快。

### 2. 雏鸭的性别鉴别

研究证明，北京鸭的公母鸭体重差异不显著，60日龄公母鸭体重间的差异不至于影响出栏均匀度，所以是否采取公母鸭分开饲养对它的生产性能影响不大。但是对番鸭和樱桃谷鸭等鸭品种来说，出栏时的公母鸭体重差异较大，尤其是番鸭公母鸭的体重相差十分悬殊，公母鸭混合饲养不仅不利于母鸭的正常生长，而且出栏不能同期，影响晚出栏鸭的体重和饲料转化率。因此对番鸭和樱桃谷鸭等鸭品种要采取公母分栏饲养。

雏鸭的性别常采用以下方法进行鉴定：

（1）外形鉴别法：一般头大，鼻孔窄小，沿嘴甲呈线状，身体圆，尾巴尖的是公鸭，而头小，鼻孔较大略呈圆形，身体扁，尾巴散开的是母鸭。

（2）鸣管鉴别法：鸣管又称下喉，位于气管分叉的顶部。公鸭在此处有一个膨大的球状鼓室，直径为3～4毫米，从体外胸前可以摸出，母鸭无此鸣管。

（3）摸肛鉴别法：左手托住初生雏鸭，使其背朝天，腹朝下，以大拇指和食指轻夹颈部，用右手大拇指和食指轻轻平提肛门下方，先向前按，随着向后退，如感触到有其麻粒或油菜籽大小的突出之物，是公雏鸭，否则为母雏鸭。

（4）翻肛鉴别法：将初生雏鸭握在左手中，用中指和无名指夹住鸭的颈部，头向外，腹朝上，成仰卧势。然后用右手大拇指和食指分开肛门旁边的羽毛挤出胎粪，轻轻地将肛门张开，并使其外翻。公雏鸭可见到长约4毫米的突起物（阴茎），母鸭则无，或仅有残留痕迹。

3. 雏鸭的分级

雏鸭经性别鉴定后，即可按体质强弱进行分级，将畸形雏如弯头、弯趾、跛足、关节肿胀、瞎眼、盯脐、大肚、残翅等予以淘汰，弱雏单独饲养。这样可使雏鸭发育均匀，减少疾病感染机会，提高育雏率。

4. 雏鸭的运输

雏鸭的运输也很关键，往往由于路程过长，途中照料不够，导致受热、受凉或受挤压，甚至大量窒息而死亡。雏鸭运输最好在出壳24小时内运到育雏室。

“公司＋农户”模式养殖肉用鸭都有设施先进的运雏车，可直接将雏鸭送到饲养场。

对自行养殖者，运输车辆要彻底消毒，要有车篷，不能让风直接吹到或阳光直晒到雏鸭。接雏时一定要提前办理好车辆通行证、雏鸭检疫证等相关手续。运雏箱运输要选用专门的雏鸭运雏箱，箱子四周要有若干直径为1.5厘米左右的通气孔。运雏箱也要在使用前严格消毒，并在箱底铺上1～2厘米厚的软垫料或垫纸。每个运雏箱不能装雏过多，防止挤压造成死亡。装车时将运雏箱按“品”字形码放，用绳绑好。搬动运雏箱时要平起平落，用机动车运输时，行车要平稳，速度要适中，防止颠簸震动，转弯、刹车不能过急，防止摇晃、倾斜，以免雏鸭拥挤扎堆死亡。运输途中要尽量保持运雏箱内温度恒定，冬季、早春运雏宜在白天，并用棉被、毯子等物遮盖；夏季运雏宜在早晨，要带防雨布或搭设车篷，以防雨淋日晒。同时注意通风良好，特别注意在中间放置的运雏箱，最易因高温或氧气不足而闷死鸭只，随时观察雏鸭活动、呼吸是否正常，发现问题及时采取对策，避免造成经济损失。

5. 卸雏与分群

雏鸭到场后，为防止雏鸭受凉或受热，应第一时间将雏鸭盒（箱）卸下搬入育雏舍内，并小心地将雏鸭放到用塑料布隔出的育雏室的网床上或垫料上，饲养密度垫料平养按每平方米20～30只，网上平养按每平方米30～50只，每群300～500只放雏。

卸完雏鸭后要把所有的装雏盒（箱）搬出舍外，对一次用的纸盒要烧掉，对重复使用的塑料盒、箱等应清除箱底的垫料并将其烧毁，下次使用前对运雏盒（箱）进行彻底清洗和消毒。

## 四、0～28 日龄鸭的饲养管理

0～28 日龄是肉用鸭的育雏期，这是肉用鸭生产的重要环节，因为雏鸭刚孵出，各种生理机能还不完善，还不能完全适应外部环境条件，必须从营养上、饲养管理上采取措施，促使其平稳、顺利地过渡到生长阶段，同时也为以后的生长奠定基础。无论采用地面平养、网上平养，其饲养技术都基本一致。

### （一）0～28 日龄鸭的日常管理

肉用雏鸭与蛋用雏鸭日常管理的主要区别，一是肉用雏鸭育雏温度比蛋用雏鸭高；二是饲料的营养水平要求也比蛋用雏鸭高。

1.1 日龄

（1）开水：雏鸭在育雏舍的第一次饮水，俗称“开饮”、“潮水”。出壳后的幼雏还有一部分蛋黄未吸收，这部分营养物质需要 3～5 天才能基本吸收完毕，饮水能促进对这些营养物质的吸收利用，这对幼雏的生长发育有明显促进作用。饮水还可以补充在孵化过程中雏鸭所丧失的水分，刺激食欲，促进胎粪排出，并有助于饲料的消化和吸收。如不及时饮水，幼雏会因蛋黄未充分吸收等方面原因而绒毛发脆，影响健康，甚至脱水死亡。

对不懂饮水的雏鸭，可以教饮。即抓一只健壮的雏鸭，将喙浸到饮水器中沾上水，雏鸭很快就学会饮水，其他雏鸭也会仿效。饮水器的槽面开口不宜太阔，盛水不宜太深，以防止雏鸭溺水。敞口的饮水器应在其中放置一些干净石块，使雏鸭不致掉入水中。

“开饮”以后饮水的供应不能中断，给水要少给勤添。

（2）开食与饲喂：雏鸭第一次喂料叫“开食”，适时“开食”，既有助于雏鸭腹内蛋黄吸收和胎粪排出，又能促进生长发育。开食一般在雏鸭开水2～3小时后，出现类似啄食的动作时“开食”恰到好处。若“开食”过早，大多数雏鸭不会采食，健壮雏会先采食从而使雏群的发育不平衡，给以后的饲养管理造成困难，增加饲养成本。“开食过迟”，不仅影响雏鸭的生长发育，还会增加死亡率。

雏鸭开食一般用浅料盘，也可以把饲料撒在浅料槽内，为了防止雏鸭浪费饲料，在浅料盘下面铺一层报纸或塑料布。

“公司＋农户”模式的养殖者要根据要求使用“548”料或“548L”料；专业户饲养模式第一次开食除用全价雏鸭颗粒配合饲料外，也可用碎玉米、碎糙米等。用碎玉米、碎糙米等开食时将饲料煮成半熟后放到清水中浸一下再捞起，初次喂食的饲料要求做到不生、不硬、不烫、不烂、不黏。

开食时，要求将饲料撒得均匀，边撒边吆喝，调教采食，让鸭形成条件反射。

初生的雏鸭，食道膨大部不很明显，贮存饲料的容积很小，消化机能不健全，肌胃的肌肉也不坚实，磨碎饲料功能很差，所以要少吃多餐，少喂勤添，随吃随给，饲槽内要稍有余食，但不能太多，以防酸败。除白天每隔1.5～2小时喂1次外，晚上也要喂2次；对不会自动走向饲槽的弱雏，要耐心引诱它去采食，使每只都能吃到饲料，吃饱而不吃过头。

1日龄的雏鸭平均全天每只吃料30克左右。雏鸭“开食”的好坏，可以从采食量、叫声等多方面来综合判断。“开食”好的，叫声轻快、有间歇；如果发现异常，应及时隔离，查明原因，采取必要措施。

在饮水中放入土霉素等药物，能大大减少白痢病的发生；如果在料中或水中再加入抗生素（氟哌酸、恩诺、乳酸环丙或阿莫西林中的一种），大群发病的可能性更小，粪便也正常。但开食不好、消化不良的雏鸭仍然会出现类似白痢病的粪便，所以在开食时应特别注意以下几点：

①挑出体弱雏鸭：雏鸭运到育雏舍，经休息后，要进行清点将体质弱的雏鸭挑出。因为雏鸭数量多，个体之间发育不平衡，为了使鸭群发育均匀，要对个体小、体质差的雏鸭另群饲养，以便加强饲养，使每只雏鸭均能开食和饮水，促其生长。

②开食不可过饱：开食时要求雏鸭自己找到采食的食盘和饮水器，会吃料能饮水，但不能过饱，尤其是经过长时间运输的雏鸭，此时又饥又渴，如任其暴食暴饮，会造成消化不良，严重时可致大批死亡。

③因抢水打湿羽毛的雏鸭要捡出，以36℃温度烘干，减少死亡。

④随时清除开食盘中的脏物。

（3）温度控制：温度是育雏成败的重要条件。雏鸭绒毛稀而短，吃料少，消化机能较弱，产热不多，体温调节机能不健全，对于温度非常敏感，因此育雏期要人工保温。如果疏忽保温环节，使温度过低或过高，很容易使雏鸭发病，甚至死亡。幼雏出壳后5天内的保温工作尤为重要，如果忽视保温环节，死亡率可高达50%，甚至全群覆没。加强保温环节，给雏鸭提供稳定而适宜的温度，能有效地提高成活率，有利于生长发育。

育雏温度，保温器育雏是指距离热源50厘米、网面上5厘米处的温度。1日龄要求育雏器温度35～36℃，室内温度28～30℃。

掌握育雏温度，一要看温度计（挂置在适当位置）；二要注意仔细观察雏鸭的活动、休息和觅食状况。温度正常时，雏鸭精神饱满，活泼，食欲良好，饮水适度，绒毛光亮，分布均匀，静卧无声，吃食、饮水、排泄正常。温度过高，雏鸭张口呼吸，喘气，翅膀张开，抢水喝，采食量减少，粪便变稀远离热源，精神沉郁。温度过高，雏鸭易患呼吸道疾病或引起啄趾、啄羽等恶癖，夏季还容易中暑，如果育雏器狭窄，雏鸭无处躲避，还易发生热射病，甚至造成死亡。温度过低，雏鸭拥挤在热源附近，缩颈，行动迟缓，夜间睡眠不稳，闭眼尖叫，拥挤扎堆，互相取暖，往往造成压伤或窒息死亡。

（4）湿度控制：育雏前期，育雏室内温度较高，水分蒸发快，相对湿度要高一些。如舍内空气湿度过低，雏鸭易出现脚趾干瘪，精神不振等脱水症状，影响健康和生长。所以1龄内，育雏室内的相对湿度应保持在60%～70%。若湿度过高，则高温高湿的环境，不仅使雏鸭的体热散失受阻，食欲减退，精神不佳，而且为霉菌等致病菌的生长繁殖创造了条件，从而导致雏鸭发病。若遇低温高湿，对雏鸭危害更严重。在生产中，湿度低时，可通过放置湿垫或洒水等方法提高湿度；湿度高时，可通过加强通风换气等加以控制。

(5) 光照控制：光照可以促进雏鸭的采食和运动，有利于雏鸭的健康生长。头 3 天内采用 23 小时光照，以便于雏鸭熟悉环境，寻食和饮水，关灯 1 小时，目的在于使鸭能够适应突然停电的环境变化，防止一旦停电造成的集堆死亡。

(6) 注射疫苗：注射鸭肝炎鸭胚化弱毒苗，皮下注射 1 羽份/只。如果父母代种鸭进行了免疫，商品代肉用鸭1 日龄不用注射。

(7) 通风换气：1 日龄不用通风。

(8) 日常管理：昼夜要有人值班，每隔 1～2 小时，赶堆一次，并要观察雏鸭的状态，检查温度、湿度是否合适，然后清洗料桶和饮水器，加料和换上清洁饮水。

(9) 做好每日记录：如死亡数、喂料量等。

(10) 建立稳定的管理程序：鸭具有群居生活的习性，合群性很强，神经类型较敏感，它的各种行为要在雏鸭阶段开始培养。如饮水、吃料、检查等，都要定时、定点。每天有固定的一整套管理程序，形成习惯后，不要轻易改变。饲料品种和调制方法的改变也是如此，如频繁地改变饲料和生活秩序，不仅影响生长，而且会造成疾病，降低育雏率。

2. 2～3 日龄

(1) 温度：2～3 日龄要求育雏器温度 34.5～35.5℃，室内温度 28～30℃。

(2) 湿度：60％～70％。

(3) 光照：光照 23 小时，1 小时黑暗。

（4）通风换气：2～3日龄不用通风。

（5）饲喂：2～3日龄可采用“开食”一样的饲喂方法，一样的饲料和饮水。平均每只全天采食31～32克。开食后的肉用鸭，每天饲喂次数也随日龄而异，2～3日龄每天喂8次，每次间隔2小时。每次喂料之间有一定的间隔时间，要让鸭将料槽的料吃完后再喂料，这样可让饲料得以充分地消化。料桶无料的时间不能超过半小时。要保证所有鸭有足够的采食空间，以满足其需要。

（6）日常管理：每隔1～2小时，赶堆一次。注意观察粪便状况，粪便在报纸上的水圈过大，是雏鸭受凉的标志。发现雏鸭有腹泻时，应该立即从环境控制、卫生管理和用药上采取相应措施。

（7）药物预防：用中成混感（氟苯尼考粉）＋混感通治颗粒，或菌毒三效溶液＋混感通治饮水剂，或中成奇箭＋中成四黄混感，预防雏鸭病毒性肝炎、沙门菌病的发生，增强免疫力。

（8）饮水器消毒：用百毒杀或0.1%的高锰酸钾消毒1次（即本周的第一次消毒）。

（9）更换门口消毒盘内的消毒液，使其保持消毒浓度。

3. 4～7日龄

（1）温度：4～5日龄要求育雏器温度34～35℃，室内温度28～30℃；6日龄育雏器温度33～34℃，室内温度28～30℃；7日龄育雏器温度32～33℃，室内温度27～29℃。按日龄逐渐扩大保温伞护围。

（2）湿度：60%～70%。

（3）光照：从4日龄开始，可不必昼夜开灯。白天利用自然光照，只提供微弱的灯光（每平方米用5瓦白炽灯），只要能看见采食即可，这样既省电，又可保持鸭群安静，不会降低鸭的采食量。但值得注意的是，采用保温伞育雏时，伞内的照明灯要昼夜亮着。因为雏鸭在感到寒冷时要到伞下去，伞内照明灯有引导雏鸭进伞之功效。

（4）饲喂

①及时更换料具：第4天后把垫在料盘下面的报纸或塑料布撤去，并添加一些料桶，培养鸭只从料桶中采食，逐渐撤出开食盘。一般每40只鸭备1个3～4千克的料桶。如使用自动喂料设备也应在4日龄时启动，并保证每只鸭有7.6厘米的采食位置。饲料占肉用鸭整个生产成本的70%，所以有必要将饲料的浪费降到最低限度。

②调整采食饮水用具：每70只雏鸭用1个饮水器，生产中要根据肉雏的周龄，及时更换不同型号的饮水器。

③饲料形式：拌好的料要做到既散又湿，且撒到雏鸭身上不沾，也可采用加水的湿粉料或碎粒料饲喂。

④饲喂量：从第4日龄开始采食量增加较快，每只每天能吃34克的料，第5日龄可增加到35克，第6日龄可增加到36克，第7天45克。

⑤饲喂次数：4日龄起就可以采用定时喂食，每隔2小时喂1次外，晚上也要喂2次。

（5）预防免疫：7日龄，鸭瘟鸭胚化弱毒苗，皮下或肌内注射1羽份/只。

（6）日常管理

①经常赶堆，注意温、湿度的控制和通风。

②注意观察鸭群的采食、饮水、呼吸及粪便状况。

③注意保持鸭舍内环境的稳定。

④清理更换保温伞内的垫料，扩大保温伞（棚）上方的通气口。

⑤用百毒杀或0.1%的高锰酸钾消毒1次（即本周的第二次消毒，以后每周2次）。

⑥清扫舍外环境并用2%火碱消毒，注意每3天更换一次舍门口消毒池内的消毒液，使其保持消毒浓度。

⑦根据鸭群活动状况逐渐扩大护围栏。

（7）分群：对生长不良的弱雏，应选出分开饲养，精细护理，使其追上生长良好的鸭。若观察到大量的鸭不符合强健鸭的要求，应当仔细检查饲养管理方法，找出原因，采取补救措施。鸭群生长不整齐的问题多数与育雏期的管理和鸭苗质量有关，特别是育雏温度太高或太低都极易使雏鸭生长不均，参差不齐。

（8）周末称重：满周龄给雏鸭测重，测重方法是在整群中随意取出5%称重（大群饲养抽测数量不少于30只），由此计算出全群体重，如果全群鸭平均体重低于标准的10%左右，则每天每只应加料5～10克。

理想的第1周鸭只死亡率应在1%以下，体重为初生雏体重的4倍以上，鸭只个体均匀，体型修长，活泼有力，无疫病感染。

（9）总结1周内的管理工作情况，做好记录。

4.8～10日龄

（1）温度：8日龄要求育雏器温度32℃，室内温度27～29℃；9日龄育雏器温度31℃，室内温度26～28℃；10日龄育雏器温度30℃，室内温度26～28℃。

（2）湿度：60%～70%。

（3）光照：继续白天利用自然光照，只提供微弱的灯光，只要能看见采食即可。

（4）稀群：8日龄，要进行密度调整。适当的密度既可以保证高的成活率，又充分利用育雏面积和设备，从而达到减少肉用鸭活动量，节约能源的目的。育雏密度依品种、饲养管理方式、季节的不同而异。一般最大密度为每平方米25千克活重，但不同饲养方式雏鸭的饲养密度不同，垫料平养由每平方米20～30只降为10～15只，网床平养由每平方米30～50只降为15～25只。

（5）饲喂：8～10日龄每只雏鸭平均采食65～90克，自由采食。为了减少人力投入，饲喂次数改为每天6次，一次安排在晚上。每次投料若发现上次喂料到下次喂料时还有剩余，则应酌量减少；反之，则应增加一些。8日龄用中型饮水器换掉小型饮水器，自由饮水，不可缺水，每只鸭饮水位置占有长度1.25厘米以上。从10日龄起饲料中加1%～2%沙粒帮助消化。

（6）通风：雏鸭的饲养密度大，排泄物多，育雏室容易潮湿而积聚氨气和硫化氢等有害气体。因此，保温的同时要注意通风，以排除潮气等，其中以排出潮湿气最为重要。适当的通风可以保持舍内空气新鲜，夏季通风还有助于降温。因此良好的通风对于保持鸭体健康、羽毛整洁、生长迅速非常重要。

（7）预防用药：8～9日龄，用中成混感（氟苯尼考粉）＋混感通治颗粒＋复方疫毒干扰素，或菌毒三效溶液＋混感通治饮水剂＋复方疫毒干扰素，或中成奇箭＋中成四黄混感＋复方疫毒干扰素预防鸭传染性浆膜炎、大肠杆菌病。

（8）预防接种：10日龄，鸭传染性浆膜炎-多价大肠杆菌二联苗，皮下或肌内注射0.3毫升/只。

（9）日常管理

①可视情况去掉保温伞及护围。

②地面垫料要经常翻晒，保持干燥。

③用百毒杀或0.1%的高锰酸钾消毒1次。

④料槽、饮水器的高度要随着鸭的生长适时调整，料槽、饮水器水盘的边缘与鸭背等高，防止鸭脚、垫料和杂物弄脏饮水，同时也避免饮水洒漏弄湿垫料。

⑤要经常检查饮水设备，尤其是自动饮水系统，要防止断水、跑水、漏水。要做到及时发现，及时修复，以免给鸭只造成大的应激。

⑥夜间熄灯后仔细倾听鸭群内有无异常呼吸音。

5. 11～14日龄

（1）温度：11日龄要求育雏器温度29℃，室内温度26～28℃；12日龄育雏器温度28℃，室内温度26～28℃；13日龄育雏器温度27℃，室内温度25～26℃；14日龄育雏器温度26℃，室内温度25～26℃。

（2）湿度：60%～70%。

（3）光照：继续利用自然光照，只提供微弱的灯光，只要能看见采食即可。

（4）饲喂：11～14日龄每只雏鸭平均采食105克，自由采食。每隔4小时喂1次，每昼夜喂6次（白天5次，晚上1次）。自由饮水，不可缺水，饮水中加水溶性复合多维。

（5）通风：注意日常管理，注意降温和通风换气。

（6）预防用药：11～14 日龄，用磺胺氯吡嗪钠＋中成倍杀球虫（驱虫止痢合剂）＋中成浆膜速治散＋肾肿立克，或磺胺氯吡嗪钠＋中成倍杀球虫（驱虫止痢合剂）＋混感通治＋热毒饮、肾肿败毒，或磺胺氯吡嗪钠＋速杀球虫（鸭球虫散）＋中成克痢饮或止痢散＋中成浆膜速治散＋中成肾肿败毒散，预防鸭传染性浆膜炎、球虫病、肠炎。

（7）日常管理

①注意观察鸭群有无呼吸道症状、有无神经症状、有无不正常的粪便。

②注意垫料管理。

③鸭群称重（方法同第一次），根据平均体重和鸭群均匀度分析鸭群的管理状况。

④舍外环境彻底清扫，用 2％火碱消毒。舍内用百毒杀或 0.1％的高锰酸钾消毒 1 次。

（8）总结 1 周内的管理工作情况，做好记录。

6. 15～21 日龄

（1）转群准备："两段式"养殖涉及转群的应提前 2 周做好育肥舍的准备，做好清洁卫生和消毒工作（从育雏舍转入育肥舍时的准备工作可参考育雏舍的准备工作进行）。

（2）温度：15 日龄要求育雏器温度 25℃，室内温度 25～26℃；16 日龄育雏器温度 24℃，室内温度 23℃；17 日龄育雏器温度 23℃，室内温度 22℃；18 日龄育雏器温度 22℃，室内温度 21℃；19 日龄育雏器温度 21℃，室内温度 20℃；20 日龄育雏器温度 20℃，室内温度 19℃；21 日龄育雏器温度 19℃，室内温度 18℃。

（3）湿度：55％～60％。

(4) 光照：继续利用自然光照，只提供微弱的灯光，只要能看见采食即可。

(5) 饲喂：15日龄后改用7～10千克的料桶，饲喂次数改为每日白天5次，晚上不喂。饲喂量平均每只每日150～165克。自由采食，但料量不宜过多，避免饲料浪费，保证充足、清洁的饮水。

(6) 稀群：15日龄，要进行第三次密度调整。垫料平养由每平方米10～15只降为7～10只，网上平养由每平方米15～25只降为14～18只。

(7) 预防接种：15日龄，鸭流感灭活苗，皮下或肌内注射0.3毫升/只。

(8) 预防用药：16～19日龄，用替米考星或泰妙菌素＋消食活性素＋中成混感免疫康（加减消黄散）＋救必应饮或散，或阿莫西林或泰妙菌素＋中成热毒统治饮＋免疫增强素，或中成奇箭＋银翘散＋复方疫毒干扰素，或替米考星或泰妙菌素＋禽感灵饮＋救必应饮或散，或菌毒双效溶液＋金叶清瘟颗粒＋复方疫毒干扰素预防鸭流感。

(9) 日常管理：加强环境卫生管理，及时清理粪便，更换或增加垫料。加强通风降低舍内氨气和硫化氢气体的浓度。

7.22～28日龄

(1) 温度：22～24日龄室温控制在18℃左右，25～28日龄室温控制在16℃左右。要求鸭舍的温度保持恒定，而且各处的温度最好都能均匀。温度忽高忽低，或鸭舍两端温度不一致都会导致鸭群发育不整齐。

(2) 湿度：最适的湿度是55％～60％。

（3）光照：继续利用自然光照，只提供微弱的灯光。

（4）饲喂：22～28日龄要保证料槽每只10厘米以上，水槽每只1.5厘米以上。22～28日龄平均每只每日饲喂165克，每昼夜喂4次就行了，早上6时开灯饲喂，上午11时、下午5时、晚上11时开灯加料。饮水要充足，保证饮水器中不断水。

（5）稀群：22日龄对雏鸭进行再一次分群，采用地面垫料平养的每平方米5～8只；采用网上平养的每平方米10～14只。

（6）加强通风，降低舍内氨气、硫化氢等有害气体浓度。

（7）预防接种：24～26日龄，禽霍乱灭活苗，皮下或肌内注射1羽份/只。

（8）预防用药

①23日龄，用磺胺氯吡嗪钠＋倍杀球虫饮＋中成四黄混感饮，或磺胺氯吡嗪钠＋倍杀球虫散＋四神散＋防己散，或磺胺氯吡嗪钠＋倍杀球虫饮，或止痢散＋肾肿立克，或防己散预防鸭球虫病、肠炎。

②28日龄，用中成奇箭＋复方疫毒干扰素＋四神散，或中成混感（氟苯尼考粉）＋中成七清颗粒或中成深奥百清颗粒，或菌毒双效溶液或阿莫西林＋金叶清瘟颗粒＋复方疫毒干扰素预防鸭病毒性病、霍乱。

（9）日常管理

①随时观察鸭群采食量、精神状况及粪便有无异常现象。有个别不食，精神不振，肛门粘绿色、白色粪便、拉血便等的鸭及时进行隔离治疗。

②垫料养殖的注意更换垫料，注意预防球虫病。

③每舍设立弱残鸭栏1个，其大小应视弱残鸭数量多少而定，密度每平方米8只，并备有足量的饮水及喂料器具，不限饲不限水。每天应几次将弱残鸭挑入栏中，加强护理。

（10）脱温：所谓脱温，就是育雏室停止加温，又称为离温。肉用雏鸭具体离温时间，各地应根据育雏季节、雏鸭健康状况及外界气温变化灵活掌握。一般在不加热的情况下室温16℃即可脱温。

脱温时若遇外界气温较低或气温变化不定，应推迟脱温日龄。“两段式”养殖需要转舍的，要从转群前一天起在饲料中添加多种维生素或电解质，以防转群时的应激影响。脱温期间，饲养人员夜间要经常注意检查、观察鸭群，保证脱温安全。

**（二）减少雏鸭死亡的综合措施**

雏鸭养育是养鸭生产中的关键环节，但据调查，由于养殖户缺乏养殖经验等各方面的原因，造成雏鸭死亡原因的比例较大，而因环境条件恶劣、管理不科学所造成的死亡，约占雏鸭死亡总数的60%以上，给养鸭者造成很大损失。而雏鸭绒毛稀少，体小娇嫩，体温调节能力差，消化机能不健全，对外界环境的适应能力和抗病力差，如果不加强饲养管理，忽视防疫免疫，极易引起发病和死亡。因此必须针对雏鸭的生理特点认真提供适宜的环境条件，加强饲养管理工作，以满足雏鸭对环境的需要，促进其正常生长发育。

1. 管理原因

（1）失水或脱水

①主要原因：雏鸭消化道短而小，其长度约为成鸭的

40%，所以对饥渴比较敏感，特别对缺水最敏感。在育雏的头3天，机体得不到水分的及时补充，或育雏舍长期控温过高等，体内可能失去很多水分。

雏鸭一般失水5%就会导致食欲减退，体重减轻；失水10%则生理失常，代谢紊乱；失水超过12%会导致死亡。雏鸭失水的症状表现为脚干瘪、体重减轻、精神不振等，若处理不当，可造成大批死亡。

②处理及救治：对轻度失水的雏鸭，恢复供水即可；对严重失水的雏鸭，若马上供水，雏鸭见水就会暴饮，引发大批雏鸭死亡。所以对严重失水的雏鸭应全群暂停供水，用无针头的注射器每只灌服5～10毫升的生理盐水、电解质或维生素B稀释液。操作时左手将雏鸭捉住提起并用食指和拇指把雏鸭嘴巴分开，右手用注射器吸取灌服液并将其挤入食道，隔1小时再重复1次。另外，在每千克饲料中添加复合维生素B溶液100毫升和维生素C 100毫克，拌匀再加水拌湿喂雏鸭，并逐步加大湿料水分，饲喂半天后才供给饮水，以后仍持充足的清洁饮水。

（2）温度

①主要原因：出壳雏鸭的体温较成鸭低2～3℃，神经和体液系统功能发育尚不健全，对外界温度的变化适应能力极弱，缺乏自身调节能力；同时，雏鸭的绒毛稀薄不保暖，皮下脂肪尚未形成，保温性能较差。当育雏温度过低时，雏鸭因畏寒而拥挤成堆，俗称埋堆，此时在下层的雏鸭极易被压伤、闷死。

②处理及救治：育雏期日夜24小时应有饲养员值班，对育雏做到勤观察、勤赶堆，发现埋堆要及时用手将成团集

堆的雏鸭拨移到饲料槽边和饮水器旁，诱其采食和饮水。育雏时应小群分育，鸭群数量大时，将育雏室分隔为若干个小栏，可减少成堆。提高室温，减少室温与育雏伞内的温差，亦可减少成堆；若采用红外线灯保温，灯泡吊离地面的距离应适当高些，这样可扩大热量的辐射面，有利于鸭群散开，减少埋堆现象。

（3）湿度

①主要原因：雏鸭对环境湿度的要求虽不像对温度的要求那样严格，但决不能掉以轻心。实践证明，雏鸭舍要保持干燥清洁，相对湿度60%～70%最好，当湿度超过80%，同时伴随温度不适时，雏鸭即出现精神不振、食欲减退、扎堆、呼吸困难、拉稀、绒毛松乱等症状，突出表现是啄毛，严重时雏鸭整个头、颈和背部的绒毛全部被啄光，外观好像用热水烫过后拔净了毛一样。高温高湿的环境，不仅使雏鸭的体热散失受阻，致使食欲下降、生长缓慢、体质虚弱、抗病力下降等，而且有利于霉菌等致病微生物和寄生虫的繁殖，饲料和垫料容易霉变，容易诱发感冒或呼吸道病，严重的也可发生大量的死亡。

②处理及救治：为防止育雏室湿度过高，垫料潮湿要及时更换、翻晒；不洒水于地面上，保持舍内干燥；饮水器四周设护栏，防止雏鸭戏水弄湿羽毛和场地。

（4）有害气体

①主要原因：雏鸭对育雏室内的一氧化碳、二氧化碳、氨气、硫化氢等有害气体十分敏感。当环境中二氧化碳、氨气、硫化氢的含量超标时，雏鸭就会出现精神沉郁、呼吸加快、口腔黏液增多、食欲减退、羽毛松乱无光泽等症状。若

有害气体继续蓄积，雏鸭则会出现眼角膜浑浊、眼睑水肿、流泪、流鼻涕，进而食欲废绝，并出现动作失调等神经症状，最后仰头、抽风、瘫痪而死。造成雏鸭二氧化碳中毒的主要原因有室温较高、育雏舍通风不良、雏鸭饲养密度过大等。引起雏鸭氨气和硫化氢中毒的主要原因有育雏舍潮湿、通风不良、污秽的垫料和粪便等有机物没有被及时清除等。造成一氧化碳中毒主要是在冬季用采暖炉取暖时排烟道漏气造成一氧化碳中毒。

②处理及救治：必须注意室内的通风换气，适当打开门窗，通过空气对流将有害有毒气体排出舍外。对采用煤或碳供暖的，应把燃烧时产生的二氧化碳和一氧化碳等有害气体用烟囱引向舍外排放，并时常检查是否漏气。粪便和潮湿的垫料在高温下容易腐败分解产生大量的氨气和硫化氢等有害气体，所以定期清理粪便和潮湿的垫料是杜绝氨气和硫化氢中毒的根本措施。

（5）鼠害

①主要原因：老鼠不仅使雏鸭因突受惊吓而引起死伤外，还会传染疾病。

②处理及救治：在育雏前统一灭鼠。进出育雏室应随手关门窗，堵塞室内所有洞口。平时注意采取灭鼠措施。

（6）不按期接种疫苗

①主要原因：由于购进的雏鸭缺乏母源抗体，购进后又没有及时接种疫苗，致使传染病发生。

②处理及救治：按防疫程序及时接种疫苗。

（7）病鸭、健鸭同群

①主要原因：由于部分养鸭户缺乏传染病隔离设施，致

使病健鸭同群而相互感染。

②处理及救治：病健雏一定要分开，设专门的病雏室和弱雏室。

（8）药物使用不当中毒

①主要原因：鸭群发病后由于诊断和用药方法不当，常引起鸭中毒死亡。

②处理及救治：服药时按说明使用，不要任意加大剂量和增加服药次数。

2. 疾病原因

（1）主要原因及易发病：雏鸭出壳后，体内具有免疫功能的器官和组织如胸腺、法氏囊、脾脏等发育尚不完全，各种生理机能还不十分健全，适应外界环境能力差，抵抗应激能力差。抗病力弱，易受到病原体侵袭而感染疾病死亡。在养殖过程中，除了做好日常清洁卫生和消毒工作外，还要做好雏鸭的易发病（如鸭病毒性肝炎、流行性感冒、大肠杆菌、高致病性禽流感等传染病）的预防。

（2）疫病的防治措施

①科学制定防疫程序，适当接种疫苗，可以防患于未然。

②定期药物预防，药物预防的目的是增强雏鸭体内杀灭病原菌的能力，有效地预防和控制细菌性易发性疫病的发生。

## 第二节　29～60日龄鸭的管理

肉鸭29～60日龄的培育期也称为生长肥育期，习惯上将4周龄开始到出栏这段时间的肉鸭称为仔鸭。育肥鸭的饲养管理要求是保证其营养供应，充分发挥此期生长发育快的优势，使之体壮个大，尽快上市。

### 一、29～60日龄鸭的生理特点

29日龄后鸭的羽毛已基本覆盖全身，抗寒能力增强。此阶段鸭采食量最多，消化最快，生长增生也快，脂肪沉积多，绝对生长最快，肉的品质得以完善，是决定肉用鸭商品价值和养殖效益的重要阶段。

到60日龄左右每只体重达到3.2～3.5千克时，消耗饲料量加大，其每天的饲料等费用总成本大于每天收入，要及时出栏。

### 二、29～60日龄鸭的饲养管理

采用“一段式”养殖方式的继续原舍饲养直至出栏，“两段式”养殖方式的在29日龄时将其全部转入育肥鸭舍进行育肥。转舍或分栏时宜抓鸭颈部，不宜抓脚部，轻拿轻放。转舍时盛放鸭的箱或笼底部要垫软垫料，装的密度要适中，运输要防颠簸、防剧烈摇动，尽量减小应激。

#### （一）29～60日龄鸭的日常管理

1.29～44日龄

（1）温度：从29日龄后温度始终保持自然温度，但冬季温度不能低于10℃。

（2）湿度：50%～55%。

（3）光照：弱光昼夜照明。

（4）分群饲养：无论是采用“一段式”养殖方式还是“两段式”养殖，在大群饲养时，往往强者采食多，生长快，弱者采食少，生长慢，差异逐渐增大。因此应及时将弱鸭挑出另养，否则其采食饮水不能满足需要，易被挤压、践踏，以致到育肥鸭出栏时残次鸭数量增多，影响到经济效益。

研究证明，北京鸭的公母体重差异不显著，60日龄公母鸭体重间的差异不至于影响出栏均匀度，所以是否采取公母鸭分开饲养对它的生产性能影响不大。但是对番鸭和樱桃谷鸭等鸭品种来说，出栏时的公母鸭体重差异较大，尤其是番鸭公母鸭的体重相差十分悬殊，公母鸭混合饲养不仅不利于母鸭的正常生长，而且出栏不能同期，影响晚出栏鸭的体重和饲料转化率。因此对番鸭和樱桃谷鸭等鸭品种不仅要公母分栏饲养，还要每周至少称重一次，称重比例不少于10%，称重要定点、定时、定人。称重后准确计算出每栏、每栋、全群的平均体重和体重均匀度；计算体重均匀度，要以标准体重和实际平均体重5%分别计算，据此对鸭群的体重和均匀度做出正确的评估。根据称重结果，仔细核定出下一星期的料量。

育肥鸭生长发育快，需注意其饲养密度的调整，使其适合育成鸭的生长需要。如果密度过大，育肥鸭互相挤压，甚至相互啄毛，影响其正常生长发育，所以需及时扩大饲养面积，减少密度。通常网床平养每平方米为6～8只，地面垫料每平方米为4～5只。

（5）更换饲料："公司＋农户"养殖的要更换为"549"料或"549L"料，专业户饲养模式要更换为育肥期饲料。

无论采用何种饲料更换饲料开始前的3天，将雏鸭料逐渐调换成育肥鸭料，使鸭子慢慢适应新的饲料。更换饲料时饲料转换要逐渐过渡，第1天用2/3的雏鸭料和1/3的育肥鸭料混匀后饲喂，第2天各用一半混匀饲喂，第3天则用1/3的雏鸭料和2/3的育肥鸭料混匀饲喂，第4天全部用育肥鸭料。

（6）饲喂与饮水：29～44日龄采取自由采食和自由饮水制，即全天24小时保持供应饲料和饮水，并经常保持饲料和饮水的清洁卫生。

鸭在吃食时有饮水洗嘴的习惯，且喜欢溅水理毛，所以需水量大，而且水易弄脏，因此，需适当增加饮水器数量，水要常换，保持新鲜清洁。采用自动饮水器的，要经常注意检查其供水情况，适时修理和更换损坏的饮水器。水位高度应同鸭背持平，既方便鸭饮水，又不使饲料随水从鸭口中流出。

育肥鸭采食和饮水时，采食间隔距离每只不少于10厘米，饮水间隔距离每只不少于1.5厘米。饲料桶和饮水器应均匀分布，以防抢食和生长不均匀。

（7）日常管理

①29日龄以后除非冬季，则以通风为主，特别是夏季，通风不仅能提供鸭群代谢充足的氧气，同时还能降低舍内温度，提高采食量，促进生长速度。

②肉鸭育肥期采食量和饮水量增大，排泄物的量和排泄物的含水量也大幅度增加，造成垫料的湿度增加。采用垫料

育肥的在高温条件下，湿垫草容易腐败产生有害气体，影响鸭子的生长发育。鸭子接触湿料容易弄脏羽毛，既影响美观又不利于散热或保温。由于鸭子不能像鸡那样翻耙垫料，因此需要人工将垫料蓬松，更换掉湿垫料或在原垫料的基础上再铺上一层厚5～8厘米的新垫料。采用网床育肥的网床上的粪便，每天清除1次，网下的粪便每周清除1次。

③在炎热的天气下，应多设置水盆；装备风扇，用动力加强通风散热；直接向鸭身或舍顶喷水，防止鸭中暑，其中风扇通风结合水雾喷洒的方法作用很大。

④如果鸭群的密度太大，通风不好，或者饲料营养不全面，都会引起鸭互相啄羽。啄羽使鸭的羽毛被动脱落，影响屠体的外观，严重时容易使鸭受伤出血，甚至胃肠内脏被啄出而致死。鸭是不断喙的，所以须在饲养管理上下工夫，使其密度适中，地面和垫料保持干燥，舍内通风良好，饲料营养全面等。

2. 45～60日龄

为了提高肉鸭肥度，使肉质更加鲜美细嫩，从45日龄开始育肥最为适宜。

（1）温度：保持自然温度，但冬季温度不能低于10℃。

（2）湿度：50%～55%。

（3）光照：弱光昼夜照明。

（4）育肥方式：鸭育肥可分为自食育肥和填饲育肥两种。

①自食育肥：自食育肥采取自由采食和自由饮水制，即全天24小时保持供应饲料和饮水，保证鸭只能吃多少就给多少，并且经常敲打料盆唤起鸭只，使鸭多吃料，迅速促进

其生长和育肥。并保持饲料和饮水的清洁卫生。

在自食育肥的饲喂过程中，有不少地区习惯于饲喂湿拌料。饲喂湿拌料育肥鸭采食快、消化快，一次性采食饲料量少，需要多次喂料，而且鸭子边吃边甩、边拉粪，浪费饲料严重。鸭子对粉料的浪费更严重，而且不利于其对饲料的采食。

饲喂颗粒饲料已为广大养鸭场所接受，育肥鸭饲料颗粒的大小一般为 3～4 毫米，这样育肥鸭一次可以采食较多的饲料，既卫生又较少浪费饲料。

②填饲育肥：从 45 日龄开始填饲育肥，经过 10～15 天的填饲，体重可达上市体重。

Ⅰ. 填饲饲料：将填饲饲料按配方用水调制成稠粥状，料水各占一半左右。填饲初期水料可稀一些，后期应稠一些。填饲前先把水稀料焖浸约 4 小时，填饲时搅拌均匀后再进行。夏季高温时不必浸泡饲料，防止饲料变馊，或只进行短时浸泡。

开始时，填食量以每次 150 克水料（水料比 62∶38）为宜，逐渐增加，到 8 天后每次填饲水料 350～400 克。凉爽季节，每次填饲水料可适当增加 2%～10%。

填饲为每天 3 次，即上午 9 点，下午 3 点，晚上 9 点。手工填饲每人每小时只能填 40～50 只，手压填鸭机每人每小时可填鸭 300～400 只，电动填鸭机每人每小时可填鸭 1000 多只。

Ⅱ. 填饲方法

●手工填肥法：手工填饲时，将配合饲料中加适量开水调成面糕状，也可搓成小丸状。填喂时轻轻将鸭子捉住，用两腿夹住鸭体下部，左手大拇指和食指捏住鸭的上腭，中指压住舌的前部，其余两指托住下嘴壳，右手取饲料填入鸭嘴，直到填饱为止。

●机器填肥法：填饲员的左手抓住鸭头，食指和大拇指捏住鸭嘴基部，右手食指伸入鸭口腔，将鸭舌压向下腭，然后将鸭嘴移向机器，小心地将事先涂上油的喂料小管插入食道的膨大部，应注意使鸭颈伸直，填肥人员左手握住鸭嘴，右手握住鸭颈部食道内小管出口处，然后开动机器，右手将食道内饲料压往食道下部，如此反复，直到饲料填到比喉头低1～2厘米时，可关机停吃。然后右手握住鸭的颈部饲料的上方和喉头，使鸭离开填饲机的小管，为了防止鸭吸气时饲料掉进呼吸道，导致窒息，填肥人员的右手应将鸭嘴闭住，并将颈部垂直向下拉，用右手食指和拇指将饲料向下捋3～4次。饮料不要填太多，以免过分结实，堵塞食道，引起食道破裂。

Ⅲ.注意事项：在填喂育肥期间，鸭子要消化填入的饲料，迅速长肉，沉积脂肪，生理机能处于十分特殊的状态，加强管理显得极为重要。因此填喂要定时，一昼夜填3次，每8小时填1次。每次填喂前应检查鸭子的消化情况，一般填饲后7小时左右饲料基本消化，如触摸颈部仍有滞食，表明消化不良，应暂停填喂或少填并在饮水中加入0.3%的小苏打；填喂后要及时供给充足的清洁饮水，以帮助消化，增强体质，防止出现残鸭；要保持鸭舍清洁卫生，做到环境安静，光线暗淡，不得粗暴驱赶和高声吵嚷；保持舍内通风良好，凉爽舒适，促进脂肪沉积。

（5）预防用药：45日龄可根据具体情况投药，一般前期预防得彻底，基础打得好，后期病很少，基本不用投治疗药。只需适当加一些保健药（保肝健肾——肝肾益、健胃增食——肉多佳），在料里拌一些清热解毒、抗菌消炎的中药（肠泰克或毒肃清或瘟感倍克）即可。

（6）日常管理

①育肥鸭身体肥胖，体重增加快，而腿部发育跟不上，极易发生腿病，须小心预防。除饲料中钙、磷及其他微量元素需足够外，在管理上也应小心仔细，尽量不惊扰鸭群，对久卧不起的鸭应适时轻轻轰赶，使其行走，以免腿部和其他部位淤血或瘫软，胸腹部出现挫伤等。

②鸭出栏后要空舍 2 周的时间，预定下一批雏鸭。

**（二）改善鸭肉品质的措施**

1. 去除胴体异味

在鸭育肥后期尽量少用对胴体产生不良影响的原料，如鱼粉、大豆、米糠、饼粕等。鱼粉含量应控制在 3%以内，鱼粉含量过多，育肥鸭生长速度较快，但育肥鸭体脂高，且育肥鸭胴体很可能有鱼腥味。

另外，在饲养后期应慎用一些抗生素及化学添加剂，为去除育肥鸭胴体异味，可在饲喂中添加一些橘皮粉、松针粉、生姜、茴香、八角、桂皮等。

2. 减少胴体红斑、次斑、皮下溃疡、破皮等

胴体红斑、次斑、皮下溃疡、破皮等都影响着育肥鸭的分级和销售价格，因此在育肥鸭饲养时应注意以下事项：

（1）饲养密度不可过大。过大容易引起肉鸭惊群，相互拥挤、碰伤，造成鸭体损伤。

（2）在出栏育肥鸭时，严禁用脚踢、用硬器赶及用手摔，以免造成鸭体伤痕。

（3）装卸时，一只手只能抓一只鸭子，同时注意要轻抓轻放，以防鸭体受伤。

3. 控制胴体药物残留

出栏前1周，严禁使用任何药物。饲料中可加百特药残净，以排除和减轻药物残留问题，提高出口的等级质量，并具有促生长、增强机体免疫力的功效。

## 第三节　季节管理重点

### 一、春季管理的重点

春季前期会偶有寒流侵袭，春夏之交，天气多变，会出现早热天气，或出现连续阴雨，要因时制宜，区别对待，保持鸭舍内干燥、通风，搞好清洁卫生工作，定期进行消毒。

1. 防寒保暖

春天气候寒冷多变，给养鸭生产带来许多不便。在一般情况下，可采取适当增加饲养密度、关闭门窗、饮用温水和火炉取暖等方式进行御寒保暖。

2. 适度通风

春季要切实处理好通风与保暖的关系，及时清除鸭舍内的粪便和杂物，在中午天气较好时，开窗通风，使舍内空气清新，氧气充足。

3. 减少潮湿

春季鸭舍内通风量少，水分蒸发量减少，加之舍内的热空气接触到冰冷的屋顶和墙壁会凝结成大量水珠，造成鸭舍内过度潮湿，给细菌和寄生虫的大量繁殖创造了条件，对养鸭极为不利。因此，一定要强化管理，注意保持鸭舍内地面的清洁和干燥，及时维修损坏的水槽，加水时切忌过多过满，严禁向舍内泼水等。

4. 定期消毒

消毒工作应贯穿养鸭的全过程。冬春季节气温较低，细菌的活动频率下降，但稍遇合适条件，即可大量繁殖，危害鸭群。冬春气候寒冷，鸭体的抵抗力普遍减弱，若忽视消毒，极易导致疾病暴发流行，造成巨大的经济损失。冬春季节养鸭常采用饮水消毒的办法，即在饮水中按比例加入消毒剂（如百毒杀、强力消毒灵、次氯酸钠等），每周饮用一次即可。对鸭舍的地面可使用白石灰、强力消毒灵等干粉状消毒剂进行喷洒消毒，每周1～2次较适宜。

5. 减少应激

肉用鸭胆小，易受惊，对外界环境的变化十分敏感。因此，对鸭喂料、加水、消毒、打扫卫生、清理粪便等工作都要有一定的时间和顺序。工作时动作要轻缓，严禁陌生人和其他动物进入鸭舍。若外界发生强烈的声响，如过节时的鞭炮声、刺耳的锣鼓声、北风的呼啸声等，饲养人员要及时进入鸭舍，给鸭造成一种“主人就在身边”的安全感。也可在饲料或饮水中加入适量多种维生素或其他抗应激的药物，防止和减少应激反应所造成的损失。

6. 增强体质

春季肉用鸭的抵抗力下降，要特别注意搞好防疫灭病的工作，定期进行预防接种。根据实际情况，也可定期投喂一些预防性药物，适当增加饲料中维生素和微量元素的含量，忌喂发霉变质的饲料、污水和夹杂有冰雪的冷水，以利提高鸭体的抵抗力。

7. 防止贼风

从门窗缝隙和墙洞中吹进的寒风称为贼风，它对鸭的影响极大，特别容易使鸭患感冒。因此，要注意观察，及时关闭门窗，堵塞墙洞及缝隙，防止贼风侵扰。

8. 消除鼠害

春季外界缺少鼠食，老鼠常会聚集于鸭舍内偷食饲料、咬坏用具，甚至传染疾病，咬伤、咬死鸭只，或者引起鸭的应激反应，对养鸭危害极大，因此要做好灭鼠工作。

## 二、夏季管理的重点

6月底至8月，是一年中最热的时期，由于鸭没有汗腺又由于有羽毛的覆盖，鸭体的散热受到很大限制。当气温越过等热区时，鸭体温上升，在未搞好防暑降温的情况下，鸭发生急性热应激甚至热昏厥的现象时有发生。高温、高湿的环境还使鸭舍粪便易于分解，造成鸭舍内有害气体含量过高，危害鸭体健康。为使夏季饲养的肉用鸭健康和正常生长，应抓好以下措施。

1. 抓好饲料供应，保证营养需要

（1）调整饲料配方：由于鸭的采食量随环境温度的升高而下降，所以夏季应适当提高饲料浓度，以保证每日的营养摄取量。

①添加适量脂肪代替部分碳水化合物：用适量脂肪代替部分碳水化合物，不但有利于提高日粮能量浓度，弥补因采食量下降而减少的能量摄入量，而且还能有效地减轻由于体增热所加剧的热应激负担。

②控制蛋白质水平：在满足所有必需氨基酸的前提下，使蛋白质水平尽可能处于低限。为了减轻蛋白质在体内降解利用所带来的体增热负担，提高利用率，应根据日粮氨基酸盈缺情况添加必需氨基酸，创造合理的蛋白质模式，保证氨基酸的平衡供给。

③提高矿物质与维生素的添加水平：由于夏季肉用鸭采食量下降，要保证肉鸭对各种矿物质与维生素营养成分摄入量不变，应适当提高其在日粮中的含量。在日粮或饮水中补加额外的钾、钠及在饮水中加入碳酸盐均有利于维持电解质平衡。此外，在饲料中补加 0.1%～0.5%碳酸氢钠能有效地减轻热应激反应。夏季高温时，饲料中的营养物质易被氧化，且高温等应激因素造成鸭的生理紧张，不仅降低鸭机体维生素 C 合成能力，同时鸭对维生素 C 等营养物质的需要量提高，所以夏季每千克饲料中应添加维生素 C 50～200 毫克。

（2）保持饲料新鲜：在高温、高湿期间，自配料或购入饲料放置过久或饲喂时在料槽中放置时间过长均会引起饲料发酵变质，甚至出现严重霉变。因而夏季应减少每次从饲料厂购回的饲料量，以 1 周左右用完为宜，保证饲料新鲜。在饲喂时应采用少量多次，尤其是采用湿拌粉料更应少喂勤添。

（3）适当调整供料时间：早晨可提早 1～2 小时在清晨

4～5时开始喂料，晚上也应适当延长饲喂时间，这样可避开高温对采食量的影响。

2. 做好环境控制，防止发生热应激

（1）减少太阳辐射热：在鸭舍的屋顶加厚覆盖层，或在屋顶淋水，做好鸭舍周围环境的绿化工作。

（2）加快鸭体散热：鸭舍四周敞开，加大通风量。给鸭饮清洁的自来水或冷水，采用通风设备加强通风，保证空气流动。夜间也应加强通风，使鸭在夜间能恢复体力，缓解白天酷暑抗应激的影响。

（3）降低饲养密度：减少鸭舍内饲养数和增加鸭舍中水、食槽的数量，可使鸭舍内因鸭数的减少而降低总产热量，同时避免因食槽或水槽的不足造成争食、拥挤而导致个体产热量的上升。

3. 加强日常管理，增强抗应激能力

（1）加强疫病防治：及时做好免疫接种和疾病治疗工作；注意鸭群采食量、饮水量及排粪情况的观察，一旦发现异常及时采取措施。

（2）减少对鸭群的干扰：避免干扰鸭群，使鸭的活动量降低到最低限度，减少鸭体热的增加。

（3）做好日常消毒工作：健全消毒制度，防止鸭因有害微生物的侵袭而造成抵抗力下降，防止苍蝇、蚊子孳生，使鸭免受虫害干扰，增强鸭群的抗应激能力。

## 三、秋、冬季管理的重点

秋、冬季节的管理主要是防寒保温、正确通风、降低舍内湿度和有害气体含量等。

1. 保温通风结合

秋、冬季气候变冷，而舍内需要的温度与外界气温相差悬殊，既要通风换气，又要保持舍内温度，这就是冬季应解决的主要问题。在通风换气的同时，注意不要造成舍内温度忽高忽低，严防由于温差过大造成应激反应引起疾病，通风口以高于鸭背上方 1.5 米以上为宜。当气温急剧下降，防寒保温工作跟不上时，往往易使肉用鸭外感风寒，发生咳嗽、喷嚏、呼吸困难等症状为特征的呼吸道疾病。

在秋季要把鸭舍维修好，防止贼风、穿堂风侵袭鸭群。垫料饲养的肉用鸭群要加厚垫料，利用垫料来提高室内温度。要勤换垫料，中午开窗通风。

2. 谨防氨气蓄积

秋、冬季节，常常由于鸭群排泄的粪便和潮湿的垫料未能及时清除，致使鸭舍内氨气蓄积，浓度增大，导致肉用鸭氨气中毒或引发其他疾病。为了防止氨气对肉用鸭的不良影响，建议养鸭场（户）抓好以下饲养管理工作：

（1）铺设的垫料要有一定的厚度，一般在 5 厘米以上。

（2）操作时尽量减少洒水，防止水槽漏水，弄湿垫料。

（3）如果鸭舍内湿度过大，则应及时清除舍内粪便及潮湿的垫料。

此外，可使用吸氨除臭剂来降低鸭舍的氨气浓度，常用的有硫酸亚铁、过磷酸、硫酸铜、熟石灰之类。

3. 饲料营养巧搭配

由于秋、冬季气温偏低，肉用鸭的热量消耗较大，配制日粮时可适当提高饲料中代谢能的标准，而适当降低饲料中蛋白质的比例，同时要特别注意日粮中维生素的含量，满足其需要。饲料应现拌现喂，有条件时可以喂热料，饮温水。所配饲料的原粮必须无霉变、无杂质，以防诱发呼吸道疾病。日粮中不过量用盐，防止喝水多，导致鸭粪含水分高或拉稀。

另外，饲料中含脂率不要过高，否则会使粪便黏稠，落在垫料上易板结。

4. 严防疾病传播

当肉用鸭体质较弱，抵抗力下降时，一些疾病的发生还可并发呼吸道疾病。因此，在提高机体抵抗力的同时，要做好有关疾病的防治工作。需疫苗预防接种的要严格按免疫程序进行预防注射。平时要经常使用一些预防疾病的药物，饲养期间宜采用高效无毒的消毒剂进行喷雾消毒。定期带鸭消毒，一般采用喷洒消毒和饮水消毒配合执行。肉用鸭发生呼吸道疾病以后要及时确诊，对症下药。对症治疗可适当应用一些平喘、止咳的药物，可减少因呼吸困难而死亡的数量。

一般来说，网上平养的肉用鸭群易发生非传染性呼吸道病，尤其是25日龄左右的肉用鸭以冬季时易发。引起该病的原因不是细菌或病毒，也不是寄生虫，而是饲养管理不善的结果，一般从第一天开始，连续或间断的空气干燥、粉尘过多，且在通风不良情况下，被鸭群吸入、长期蓄积而致病。防治措施是在保持舍内温度前提下，加大通风量，以保证舍内氧气含量。尽量减少不必要的应激因素，采取一切可行手段让鸭采食，以保证机体能量需要，增强鸭只抗病能力。

除采取以上相应措施外，在饮水和饲料中添加适量的抗菌药物和维生素。

5. 防止一氧化碳中毒

加强夜间值班工作，经常检修烟道，防止漏烟。

6. 增强防火观念

冬季养鸭火灾发生较多，尤其是专业户的简易鸭舍，更要注意防火，包括炉火和电火。

# 第五章　肉用鸭的健康保护

肉用鸭的生长期短，在成长过程中，无论发生何种疾病，在出栏前大多来不及恢复，预防控制疾病的发生才是上策。所以，肉用鸭控制疾病方案必须是预防性的，而不是治疗性的。只有在预防措施失败时，才增加实施治疗方案。

## 第一节　鸭病综合防治措施

传染病的流行需要有传染源、传播途径和易感动物 3 个环节，只要在生产实践中控制这 3 个环节，消灭或控制传染源的引入、切断传播途径、提高鸭的免疫力或使之变为不易感动物，就可以有效地控制传染病的发生。在生产实践中通常采用综合防治措施来控制疾病的发生。

### 一、日常预防措施

#### （一）确保有效的消毒

消毒就是用化学或物理的方法杀灭鸭舍、运动场、用具、饲槽、饮水、排泄物和分泌物等的病原微生物。它是预防疫病发生、阻止疫病继续蔓延的主要手段，是一项极其重要的防疫措施。

日常消毒控制除采用简单有效的物理消毒方法外，还要采用化学消毒方法。

1. 消毒的种类

消毒分疫源地消毒和预防性消毒两种。

(1) 预防性消毒：预防性消毒是指尚未发生动物疫病时，结合日常饲养管理对可能受到的病原微生物或其他有害微生物污染的场舍、用具、场地、人员和饮水等进行的消毒。

(2) 疫源地消毒：疫源地消毒是指对存在着或曾经存在着传染病传染源的场舍、用具、场地和饮水等进行消毒。目的是杀灭或清除传染源。疫源地消毒又分为随时消毒和终末消毒两种。随时消毒是指当疫源地内有传染源存在时进行的消毒，如对患传染病的鸭舍、用具等每日随时进行的消毒；终末消毒是指传染源离开疫源地后对疫源地进行的最后一次消毒，如患烈性传染病鸭死亡后对其场舍、用具等所进行的消毒。

2. 常用消毒方法

养殖场常用的消毒方法包括物理消毒、化学消毒和生物消毒法。

(1) 物理消毒法：清扫、洗刷、日晒、通风、干燥及火焰消毒等是简单有效的物理消毒方法，而清扫、洗刷等机械性清除则是鸭场使用最普通的一种消毒法。

①煮沸法：适用于金属器具、玻璃器具等的消毒，大多数病原微生物在100℃的沸水中，几分钟内就被杀死。

②紫外线法：许多微生物对紫外线敏感，可将物品放在直射阳光中也可放在紫外灯下进行消毒。

③焚烧法：可用火焰喷射法对金属器具、水泥地面、砖墙进行消毒。对动物尸体也可浇上汽油等点火焚烧。

在使用火焰消毒必须注意几个问题：喷灯接头与液化气瓶出口要连接好；使用前和使用后要检查喷灯开关是否关紧；点火前，打开液化气瓶总阀，然后边逐渐打开喷灯开关，边点燃；火焰的强弱由喷灯开关自由调节，温度在800～1200℃；使用后，必须先将液化气瓶总阀关掉，再关紧喷灯开关；使用时严禁朝液化气瓶喷火；喷灯应离液化气瓶3米以外使用；在点火前，必须检查是否有漏气现象，发现若有漏气现象严禁使用。

④机械法：即清扫、冲洗、通风等，不能杀死微生物，但能降低物体表面微生物的数量。

（2）生物热消毒法：生物热消毒也是鸭场常采用的一种方法。生物热消毒主要用于处理污染的粪便，将其运到远离鸭舍地方堆积，在堆积过程中利用微生物发酵产热，使其温度达70℃以上，经过一段时间（25～30天），就可以杀死病毒、病菌（芽孢除外）、寄生虫卵等病原体而达到消毒的目的，同时可以保持良好的肥效。

（3）化学消毒法：消毒剂的种类繁多，选购消毒剂时要根据场内不同的消毒对象、消毒环境条件等，有针对性地选购经兽药监察部门批准生产的消毒剂，或是选购经当地畜禽兽医主管部门推荐的适宜本地使用的消毒剂。但消毒剂品种的选择不是越多越好，应有针对性。考虑到消毒剂还会产生抗药性，如果养殖场要交替使用消毒剂，最好选择消毒药品种不超过3个。

选购消毒剂时要检查其标签和说明书，看是否是合格产品，是否在有效使用期内；要选用价格低、易溶于水、无残毒、对被消毒物无损伤、在空气中较稳定、使用方便、对要预防和扑灭的疫病有广谱、快速、高效消毒作用的消毒剂品种；注意不要经常性地选择单一品种的消毒剂，以防病原体产生耐药性，应定期及时更换使用过的消毒剂，以保证良好的消毒效果。

①消毒王：用于鸭舍、器械、饮水、带鸭消毒等。1 ∶ 3000 用于饮水消毒；1 ∶ 1200 用于细菌性疾病感染喷雾消毒；1 ∶ 1000 用于病菌性疾病感染喷雾消毒；1 ∶ 2000 用于鸭舍、器械喷雾、冲、洗、浸、带鸭喷雾消毒。

②菌毒速灭：本品可用于鸭的消毒，可有效预防鸭流感、鸭病毒性肝炎、大肠杆菌、沙门氏菌、巴氏杆菌等。1 ∶ 3000 用于喷雾、冲洗消毒，1 ∶ 5000 用于饮水、器具消毒。

③漂白粉：本品为次氯酸钙与氯化钙的混杂物，用于环境和用品的消毒以及病死鸭尸体的无害化处理。一般配成10％～20％混悬液。先称好漂白粉倒入大桶中，将团块捣细，加入少量水调成浆，再倒入其余水充分搅拌，用于鸭舍、食槽、车辆、排泄物的消毒，但应注意密封保存，现用现配，不能用于金属和纺织品的消毒；作饮水消毒时，每100 千克水用漂白粉 0.7 克或漂白精 2 片，投入半小时后即可使用。

④氯胺（氯亚明）：本品为有机氯消毒剂，其水溶液逐步离解为次氯酸而起杀菌作用。本品刺激性和腐蚀性较小，除用于环境和用具的消毒外，还能用于皮肤和黏膜的消毒。食槽、器皿消毒用 0.5％～1％溶液；排泄物与分泌物消毒

用3%溶液；饮水消毒，1升水用2～4毫克；黏膜消毒用0.1%～0.5%溶液。配制消毒溶液时，如加入等量的氯化铵，可使消毒溶液活化，大大提高消毒能力；活性溶液应于使用前1～2小时配制，时间过长，效果下降。

⑤二氯异氰尿酸钠（优氯净）：本品为有机氯消毒剂，是一种安全、广谱、长效的消毒剂，杀菌力强，可用于饮水、环境、用具及粪便消毒，也可用于水、加工厂、车辆、餐具等的消毒。0.01%～0.02%溶液用于环境、用具消毒；饮水消毒，每升水4毫克。本品水溶液不稳定，宜现配现用。不宜用于金属笼具及有色棉织物的消毒。

⑥二氧化氯（超氯、消毒王，二元复配型高效消毒剂）：主要成分为二氧化氯及活化剂，有液体和粉状两种剂型，制剂有效氯含量多为5%。具备高效、低毒、除臭能力强、无残留等特点，可用于鸭舍、场地、用具、饮水消毒及带鸭消毒。使用前，先将二氧化氯粉或溶液，用适量的干净水稀释，加入活化剂，搅匀后再稀释到使用浓度用于消毒。有效氯含量为5%时，环境消毒，1升水加药5～10毫升，喷雾消毒；饮水消毒，100升水加药5～10毫升；用具、食槽消毒，1升水加药5毫克搅匀后，浸泡5～10分钟。二氧化氯使用时须用酸活化，现配现用，不得过期使用；为加强稳定性，二氧化氯溶液在保留时加入碳酸钠、硼酸钠等。

⑦碘酊：本品含有碘化钾，为红棕色澄清液体，杀菌力强，主要用于手术部位及注射部位的消毒，也可用于饮水消毒。手术部位及注射部位用碘酊棉球擦拭消毒；饮水消毒，每升水加2%碘酊0.4毫升。碘对皮肤和黏膜有一定的刺激性，使用后要用酒精脱碘。碘酊中的碘容易挥发，应置阴凉

处密闭保留。

⑧复合碘溶液：本品是由碘、碘化钾与酸及适量的佐剂配制成的水溶液，为红棕色黏稠液体，含活性碘通常为1%～3%，对病毒、细菌、芽孢有较强的杀灭作用，可用于鸭舍、场地、用具、车辆、污染物的消毒。鸭舍、器械的消毒，用水将消毒剂稀释至1/100～1/300的浓度使用；饮水消毒，用2%浓度的碘溶液，每升水加入0.4毫升。宜现配现用，对金属用品有一定的腐蚀性。

⑨碘伏（聚维酮碘）：本品为碘与聚乙烯吡咯烷酮的络合物，深棕色粉末，含碘量约为10%。常用制剂通常含聚维酮碘5%～10%（即相当含碘量为0.5%～1%），腐蚀性、刺激性较小，水溶液相对较稳定。对病毒、细菌、芽孢有较强的杀灭作用，可用于鸭舍、场地、用具、车辆、污染物的消毒。以0.015%的水溶液（以有效碘计）用于环境、用具消毒。

⑩苯酚（石炭酸）：由煤焦油分馏产生，低温时为固态，40℃以上时可消融为液态，加入8%～10%的水可在常温下维持液化苯酚。本品杀菌作用不强，毒性较大，主要在实验室使用。用5%溶液浸泡外科器械、处理污物，2%～5%溶液喷雾或湿抹用具，在生物制品中加入0.5%作为防腐剂。忌与碘、溴、高锰酸钾、过氧化氢等配伍使用。不能用于创伤、皮肤消毒。

⑪复合酚（农福、消毒净、消毒灵）：本品由冰醋酸、混杂酚、十二烷基苯磺酸、煤焦油酸按一定的比例混杂而成，为棕色黏稠液体，有煤焦油臭味，对多种细菌和病毒均有杀灭作用，可用于环境、鸭舍、笼具的消毒。以水稀释

100～300倍后用于环境、鸭舍、用具的喷雾消毒。稀释用水温度不宜低于8℃，制止与碱性药物或其余消毒药液混用。

⑫来苏儿（甲酚皂溶液）：由煤酚与植物油、氢氧化钠按一定比例配制而成。本品杀菌作用比苯酚强，毒性较低，主要用于鸭舍、用具、污染物的消毒。2%～3%的溶液常用于鸭舍、食槽、用具、场地、排泄物的消毒，1%的溶液用于手的消毒。

⑬氯甲酚溶液（菌球杀）：本品为甲酚的氯代衍生物，一般为5%的溶液，杀菌作用较强，毒性较小，主要用于鸭舍、用具、污染物的消毒。以水稀释30～100倍后用于环境、鸭舍的喷雾消毒。注意事项同复合酚。

⑭新洁尔灭（苯扎溴铵）：本品为无色或淡黄色澄清液体，易溶于水，水溶液稳定，耐热，可长期保存而效力不变，对金属、橡胶和塑料制品无腐蚀作用。本品杀菌作用快而强，毒性低，对组织刺激性小，较广泛地用于皮肤、黏膜的消毒，也可用于鸭用具的消毒。0.1%水溶液可用于皮肤黏膜消毒。0.15%～2%水溶液可用于鸭舍内空间的喷雾消毒。忌与碘、碘化钾、过氧化物等合用，亦不可与普通肥皂配伍。不适用于饮水、粪便、污水消毒及芽孢菌的消毒。

⑮度米芬（杜米芬）：本品为白色或微黄色片状结晶，能溶于水和乙醇。为阳离子外表活性剂，主要用于杀灭细菌病原，消毒能力强，毒性小，可用于环境、皮肤、黏膜、器械和创口的消毒，以及带鸭消毒。皮肤、器械的消毒用0.05%～0.1%的溶液，带鸭消毒用0.05%的溶液喷雾。注意事项同新洁尔灭。

⑯百毒杀（癸甲溴铵溶液）：本品主要成分为双链季胺盐化合物，通常含量为10%，是一种高效表面活性剂。主要用于鸭舍、用具及环境的消毒。也用于饮水槽及饮水消毒。通常用0.03%溶液进行浸泡、洗涤、喷洒等。平时定期消毒及环境、器具消毒：通常按1：600倍水稀释，进行喷雾、洗涤、浸泡。饮水消毒，改善水质时，通常按1：（2000～4000）倍稀释。作饮水消毒时用0.01%（万分之一）的浓度安全有效。

⑰菌毒清（辛氨乙甘酸溶液）：本品为阳离子外表活性剂，主要用于杀灭细菌病原，消毒能力强，无刺激性，毒性小，可用于环境、器械及饮水的消毒和带鸭消毒。环境消毒，以水稀释100～200倍喷雾。注意事项同新洁尔灭。

⑱过氧乙酸：本品属强氧化剂，是高效速效消毒防腐药，具有杀菌作用快而强、抗菌谱广的特点，对细菌、病毒、霉菌和芽孢均有效。本品可用于耐酸塑料、玻璃、搪瓷和用具的浸泡消毒，还可用于鸭舍地面、墙壁、食槽的喷雾消毒和室内空气消毒。过氧乙酸溶液浓度为20%，0.04%～0.2%溶液用于耐酸用具的浸泡消毒。0.05%～0.5%的溶液用于鸭舍及周围环境的喷雾消毒，本品稀释后不宜久贮（1%溶液只能保持药效几天）。本品对组织有刺激性和腐蚀性，对金属也有腐蚀作用，故消毒时应注意自身防护，避免刺激眼、鼻黏膜。

⑲火碱：本品的杀菌作用很强，对部分病毒和细菌芽孢均有效，对寄生虫卵也有杀灭作用，但对抗体有腐蚀作用，对铝制品、纺织品等有损坏作用。本品主要用于鸭舍、器具和运输车船的消毒。一般用1%～2%的溶液喷洒、浸泡消

毒，加热使用效果更好。在溶液中加入少量食盐或5%的生石灰乳，可增强消毒力。

消毒前应先转移鸭，消毒2小时左右后用清水冲洗饲槽、地面，然后再进鸭。火碱有较强的腐蚀性，人、鸭皮肤应避免与药液直接接触，不能用于刀、剪、工作服、毛巾等物的消毒。用于金属器械浸泡消毒时，应控制浸泡时间，一般以1小时左右为好，浸泡消毒后的金属器械，应立即用清水将上面的火碱液冲洗干净。

⑳石灰粉、生石灰（氧化钙）：本品为价廉易得的良好的消毒药，以氢氧离子起杀菌作用，钙离子与细菌原生质起作用而使蛋白质变性。本品对大多数繁殖型细菌有较强的杀菌作用，但对芽孢及结核杆菌无效，常用于鸭舍墙壁、地面、运动场地、粪池及污水沟等的消毒。将生石灰直接撒在圈舍地面是不正确的，因撒石灰时会导致鸭舍内石灰粉尘大量飞扬，使鸭吸入呼吸道内，人为地造成一次呼吸道炎症，也经常造成鸭爪部灼伤，或因啄食石灰而灼伤口腔及消化道。正确使用石灰消毒的方法是将新鲜的熟石灰加水配制成10%～20%的石灰乳，也就是将生石灰与水按1∶7混合反应后滤除残渣即得，涂刷鸭鸭舍墙壁和地面1～2次。石灰乳应现用现配，不宜久贮，以防失效。

㉑福尔马林（甲醛溶液）：为含37%～40%甲醛的水溶液，并含有甲醇8%～15%作为稳定剂，以避免甲醛聚合。对细菌、病毒、霉菌、芽孢有强大的杀灭作用，可用于鸭舍、器械的消毒以及室内空气的熏蒸消毒。2%福尔马林（0.8%甲醛）用于器械消毒，0.25%～0.5%的甲醛溶液常用于鸭舍等污染场地的消毒，10%福尔马林（4%甲醛）用

于固定保存解剖标本，还可用于生物制品。通常用于菌苗灭活的浓度为 0.1%～0.8%，用于疫苗灭活的浓度为 0.05%～0.1%。熏蒸消毒时可将福尔马林加 3～5 倍的水，放入铁锅中加热煮沸（不可加高锰酸钾）。用高锰酸钾做氧化剂熏蒸时，可在甲醛溶液中加入 2 倍量的水，注意不要直接将高锰酸钾投入甲醛溶液中，以免溅出伤人。正确的熏蒸方法是选用陶瓷或搪瓷容器，将高锰酸钾溶于 30～40℃的温水中，然后再缓慢加入加水的甲醛溶液，注意容器的容积应大于高锰酸钾溶液和甲醛溶液总容积的 3～4 倍。

㉒高锰酸钾（灰锰氧）：本品为黑紫色结晶或颗粒，有蓝色的金属光泽，是强氧化剂，遇有机物易发生强烈燃烧或爆炸。高锰酸钾经过氧化菌体内活性基团而发挥杀菌作用，能杀灭细菌、病毒，在高浓度时能杀灭芽孢。高锰酸钾溶液不仅可以消毒皮肤、器械，还可以让鸭饮用，对消化道进行消毒。外用消毒时溶液浓度为 0.1%（深粉色），饮水消毒时浓度为 0.01%～0.02%（淡粉色）。高锰酸钾也可和甲醛共同用于熏蒸消毒。宜现配现用，忌与复原剂配伍。

㉓酒精：即乙醇，为无色透明的液体，易挥发和燃烧。一般微生物接触酒精后即脱水，导致菌体蛋白质凝结而死亡。杀菌力最强的浓度为 75%。酒精对芽孢无作用，常用于注射部位、术部、手、皮肤等涂擦消毒和外科器械的浸泡消毒。

㉔紫药水：紫药水对组织无刺激性，毒性很小，市售有 1%～2%的溶液，常用于治疗创伤。

㉕草木灰水：草木灰是农作物秸秆或木材经过完全燃烧后的灰，是一种易得的消毒药。常用 30%的浓度，配制时

取3千克新鲜草木灰加水10千克，煮沸1小时，取上清液趁热用于鸭舍、墙壁、运动场、用具、排泄物及鸭舍进、出口处消毒，对杀灭病毒、细菌均有效。

㉖克辽林（臭药水）：5%～10%作用于鸭舍、墙壁、运动场、用具、排泄物及鸭舍进、出口处消毒。

㉗劲能（DF100）：1∶1500用于环境、器具喷洒消毒或浸泡器械；防饲料霉变可按每吨饲料添加25克，防鱼粉霉变可按每吨鱼粉添加60克，拌匀，有效期6～8个月。

㉘菌毒敌：对预防某些病毒性传染病具有特效功能。鸭舍常规消毒时按1∶300稀释，出现疫病时按1∶100稀释，用喷雾器喷洒，此药必须用热水配制才能保证消毒效果。

3. 消毒频率

一般情况下，每周要进行不少于2次的全场和带鸭消毒；发病期间，坚持每天带鸭消毒。

4. 鸭场的消毒制度

鸭场在出入口处应设紫外线消毒间和消毒池。鸭场的工作人员和饲养人员在进入饲养区前，必须在消毒间更换工作衣、鞋、帽，穿戴整齐后进行紫外线消毒10分钟，再经消毒池进入饲养区内。饲养员在饲喂前，先将洗干净的双手放在盛有消毒液的消毒缸（盆）内浸泡消毒几分钟。

消毒池和消毒槽内的消毒液，常用2%氢氧化钠或其他消毒剂配成的消毒液。而浸泡双手的消毒液通常用0.1%新洁尔灭或0.05%百毒杀溶液。鸭场通往各鸭舍的道路需每天用消毒药剂进行喷洒。各鸭舍应结合具体情况采用定期消毒和临时性消毒。鸭舍的用具必须固定在饲养人员各自管理的鸭舍内，不准相互通用，同时饲养人员也不能相互串舍。

此外，外来人员和非生产人员不得随意进入场内饲养区，场外车辆及用具等也不允许随意进入鸭场，凡进入场内的车辆和人员及其用具等必须进行严格地消毒，以杜绝外来的病原体带入场内。

**（二）做好基础免疫与药物预防**

有计划、有目的地对鸭群进行免疫接种，是预防、控制和扑灭鸭传染病的重要措施之一。尤其对鸭的病毒性传染病，如鸭瘟、雏鸭病毒性肝炎等疾病的预防措施中，免疫接种更具有关键性的作用。免疫接种通常可分为预防接种和紧急接种。

1．预防接种

预防接种是在健康鸭群中还没有发生传染病之前，为了防止某些传染病的发生，有计划地定期使用疫（菌）苗对健康鸭群进行预防免疫接种。

（1）预防接种的方法：以病毒为中心的免疫预防接种，需要制定一个省力、经济、合理、预防效果好的预防接种计划，应根据各个地区、各个鸭场以及鸭的年龄、免疫状态和污染状态的不同因地制宜地结合本场情况制定免疫计划。免疫计划或方案在一个鸭场只能相对地、最大限度地发挥其保护鸭群的作用，但随事物的发展也要逐年加以改进，为本场建立一个最佳方案。

疫苗接种法，可分注射、饮水、滴鼻滴眼、气雾和穿刺法，根据疫苗的种类，鸭的日龄、健康情况等选择最适当的方法。

①注射法：此法需要对每只鸭进行保定，使用连续注射器可按照疫苗规定数量进行肌内或皮下注射，此法虽然有免疫效果准确的一面，但也有捉鸭费力和产生应激等缺点。注射时，不仅注意准确的注射量外，还应注意质量，如注射时，应经常摇动疫苗液使其均匀。注射用具要做好预先消毒工作，尤其注射针头要准备充分，每群每舍都要更换针头，健康鸭群先注，弱鸭最后注射。注射法包括皮下注射和肌内注射两种方法。

Ⅰ. 皮下注射：一般在鸭颈背中部或低下处远离头部，用大拇指和食物捏住颈中线的皮肤并向上提起，使其形成一个皮囊，注意一定捏住皮肤，而不能只捏住羽毛，确保针头插入皮下，以防疫苗注射到体外。

Ⅱ. 肌内注射：以翅膀靠肩部无毛处胸部肌肉为好，应斜向前入针，以防插入肝脏或胸腔引起事故。也可腿部注射，以鸭大腿内侧无血管处为最佳。

②饮水法：本法为活毒疫苗的常用方法之一，既能减少应激，又节省人力，但疫苗损失较多。由于雏鸭的强弱或密度关系也会造成饮水不均、有免疫程度不齐的缺点，所以需要放置充分的饮水器，使雏鸭都能充分地得到饮水。使用此法应注意：一是饮用水避免酸、碱以及化学物质（如氯离子）的影响，免疫前后 24 小时不得饮用消毒水，所以最好用蒸馏水免疫，同时在水中加入 0.25%～0.5%脱脂奶粉；二是饮水免疫前，要给鸭断水 2～4 小时，根据季节、气候掌握，让鸭在 1～2 小时内将稀释的疫苗全部喝完，同时应避免强烈光照射疫苗溶液；三是饮水器用清水冲洗，擦洗干净，数量充足。

③滴鼻滴眼法：雏鸭早期的活毒疫苗常用此法。用滴瓶向鸭子眼内或鼻腔滴入 1 滴（0.03 毫升）活毒疫苗，滴鼻时，为了使疫苗很好地吸水，可用手将对侧的鼻孔堵住，让其吸进去。滴眼时，握住鸭的头部，面朝上，将 1 滴疫苗滴入面朝上的眼皮内，不能让其流掉。逐只免疫，防止漏免。

④气雾法：将活毒疫苗按喷雾规定稀释，用适当粒度（30～50 微米）的喷雾器在鸭群上方离鸭只 0.5 米处喷雾。在短时间内，可使大群鸭吸入疫苗获得免疫。在喷雾前，要关风机、门窗，免疫后大约 15 分钟，重新打开。本法由于刺激呼吸道黏膜，所以避免在初次免疫时使用。

（2）免疫程序：由于各种不同鸭种及不同饲养地的鸭的疾病的发病规律不一样，所以在鸭传染传染病的免疫程序上，没有固定的免疫程序。因此各地应结合饲养水平及当地鸭病的发病规律来制定合理的免疫程序。

1 日龄：鸭肝炎鸭胚化弱毒苗，皮下注射 1 羽份/只。如果父母代种鸭进行了免疫，商品代肉用鸭只需在 7～10 日龄皮下注射 1 羽份/只。

3～5 日龄：预防雏鸭病毒性肝炎、沙门氏菌，减少雏鸭因运输、防疫、转群等造成的应激反应，增强免疫力。

用药方案一：中成混感（氟苯尼考粉）＋混感通治颗粒。

用药方案二：菌毒三效溶液＋混感通治饮水剂。

用药方案三：中成奇箭＋中成四黄混感。

7 日龄：鸭瘟鸭胚化弱毒苗，皮下或肌内注射 1 羽份/只。

8～9 日龄：预防鸭传染性浆膜炎、大肠杆菌病。

用药方案一：中成混感（氟苯尼考粉）＋混感通治颗

粒＋复方疫毒干扰素。

用药方案二：菌毒三效溶液＋混感通治饮水剂＋复方疫毒干扰素。

用药方案三：中成奇箭＋中成四黄混感＋复方疫毒干扰素。

10日龄：鸭传染性浆膜炎－多价大肠杆菌二联苗，皮下或肌内注射0.3毫升/只。

注：如果父母代种鸭进行了免疫，商品代肉用鸭只需在7～10日龄皮下注射0.3毫升/只；本病严重地区可于17～18日龄再免疫注射1次（0.5～1毫升）；如果父母代种鸭没有按正规程序进行免疫，商品代肉用鸭需在1～3日龄皮下注射0.5毫升，本病严重地区可于7～10日龄再免疫注射1次（0.5～1毫升）。

12～14日龄：预防鸭传染性浆膜炎、球虫病、肠炎。

用药方案一：磺胺氯吡嗪钠＋中成倍杀球虫（驱虫止痢合剂）＋中成浆膜速治散＋肾肿立克。

用药方案二：磺胺氯吡嗪钠＋中成倍杀球虫（驱虫止痢合剂）＋混感通治＋热毒饮·肾肿败毒。

用药方案三：磺胺氯吡嗪钠＋速杀球虫（鸭球虫散）＋中成克痢饮或止痢散＋中成浆膜速治散＋中成肾肿败毒散。

15日龄：鸭流感灭活苗，皮下或肌内注射0.3毫升/只。

16～19日龄：预防鸭流感。

用药方案一：替米考星或泰妙菌素＋消食活性素＋中成混感免疫康（加减消黄散）＋救必应饮或散。

用药方案二：阿莫西林或泰妙菌素＋中成热毒统治饮＋免疫增强素。

用药方案三：中成奇箭＋银翘散＋复方疫毒干扰素。

用药方案四：替米考星或泰妙菌素＋禽感灵饮＋救必应饮或散。

用药方案五：菌毒双效溶液＋金叶清瘟颗粒＋复方疫毒干扰素。

20～23日龄：预防鸭球虫病、肠炎。

用药方案一：磺胺氯吡嗪钠＋倍杀球虫饮＋中成四黄混感饮。

用药方案二：磺胺氯吡嗪钠＋倍杀球虫散＋四神散＋防己散。

用药方案三：磺胺氯吡嗪钠＋倍杀球虫饮或散＋中成克痢饮或止痢散＋肾肿立克或防己散。

24～26日龄：禽霍乱灭活苗，皮下或肌内注射1羽份/只。

26～28日龄：预防鸭病毒性病、霍乱。

用药方案一：中成奇箭＋复方疫毒干扰素＋四神散。

用药方案二：中成混感（氟苯尼考粉）＋中成七清颗粒或中成深奥百清颗粒。

用药方案三：菌毒双效溶液或阿莫西林＋金叶清瘟颗粒＋复方疫毒干扰素。

2. 紧急接种

紧急接种是在发生传染病时，为了迅速控制和扑灭疾病的流行，而对疫群、疫区和受威胁地区尚未发病的鸭进行临时应急性免疫接种。实践证明，在疫区对鸭瘟、禽霍乱等传染病使用疫（菌）苗，进行紧急接种是切实可行的，对控制和扑灭传染病具有重要的作用。紧急接种除应用疫（菌）苗外，在某些鸭病上常应用高免血清或高免卵黄抗体进行被动免疫，而且能够立即生效，如雏鸭病毒性肝炎，应用高免血清或高免卵黄抗体，能迅速控制该病的流行，即使对于正在患病的鸭群使用也具有良好的疗效。

在疫区或疫群应用疫苗做紧急接种时，必须对所有受到传染威胁的鸭群进行详细观察和检查，对正常无病的鸭进行紧急接种，而对病鸭和可能已受感染的潜伏期病鸭必须在严格消毒的情况下，立即隔离，观察或淘汰处理，不宜再接种疫苗。

3. 购苗及防疫注意事项

除“公司＋农户”养殖模式的由公司提供疫苗外，专业户饲养模式在购买和使用疫苗时要注意以下事项：

（1）要购买有国家批准文号的正式厂家的接种疫苗，不要购买无厂址、批准文号的非正式厂家的疫苗。

（2）要从有经营权的单位购买疫苗，同时还要看其保存条件是否合格，有无冰箱、冰柜、冷库等冷藏设施，无上述条件请不要购买。

（3）要详细了解疫苗运输和保存的条件。一般要求疫苗冷藏包装运输，使用单位收到疫苗后，应立即放在低温环境中保存。保存时限因不同温度而异，各种疫苗都有具体规定。凡是超过了一定温度下保存时间的疫苗都不能使用。

（4）瓶子破裂、发霉、无标签或者无检号码的疫苗，不能使用。

（5）液体疫苗使用前要用力摇匀，冻干苗要按说明的规定稀释，并充分摇匀，现配现用。剩余疫苗不能再用，废弃前要煮沸消毒。用完的活疫苗瓶同样需要煮沸消毒，因为活疫苗是具毒力的病毒，一旦条件适宜，病毒毒力返强又会侵袭鸭群。

（6）疫苗接种用的注射器、针头、镊子、滴管和稀释的瓶子要先清洗并煮沸消毒15～30分钟，不要用消毒药煮沸消毒。

（7）疫苗稀释过程应避光、避风尘和无菌操作，尤其是注射用疫苗应严格无菌操作。

（8）疫苗稀释过程中一般应分级进行，对疫苗瓶应用稀释液冲洗2～3次。稀释好的疫苗应尽快用完，尚未使用的也应放在冰箱或冰水桶中冷藏。

（9）免疫接种前要了解当地鸭群的健康状况。在传染病流行期间，除了有些病可以紧急接种疫苗外，一般不能免疫接种。

（10）做好预防接种记录，内容包括接种日期、鸭的品种、日龄、数量、接种名称、生产厂家、批号、生产日期和有效期、稀释剂和稀释倍数、接种方法、操作人员和免疫反应等。

### （三）鸭粪的加工处理

据测定，一只鸭平均每天排出鲜粪100克，每万只鸭每天产粪达1吨。按育肥鸭饲养周期60天计算，就要产出60吨。近年来，国内外已有许多处理禽粪的报道，其中不乏成功的实例。对禽粪的处理途径不外乎3种：用作能源、饲料和肥料。据测定，鸭粪中含氮1.64%、磷1.54%、钾0.85%，是养分均衡、含量较高的有机肥；含有各种有机物25.5%，可作为能源原料；含粗蛋白质7.94%，其中蛋氨酸0.11%、赖氨酸0.43%、胱氨酸0.1%，可作为饲料。

1. 脱水干燥法

新鲜鸭粪的主要成分是水，通过脱水干燥处理使其含水量降到15%以下。这样，一方面减少了鸭粪的体积和重量，便于包装运输；另一方面可以有效地抑制鸭粪中微生物的活动，减少营养成分（特别是蛋白质）的损失。脱水干燥处理的主要方法有自然干燥法、太阳能自然干燥以及高温快速干燥等。

（1）自然干燥法：将收集的鲜粪摊放在干净的地面上利用阳光晒干，除臭灭菌。然后粉碎过筛，当水分降到10%以下时就可贮存利用。这种处理方法简便易行，适合小型养殖场采用。

（2）太阳能自然干燥处理：这种处理方法是采用塑料大棚中形成的“温室效应”，充分利用太阳能来对鸭粪做干燥处理。大棚一般长45米、跨度4～5米，鸭粪平铺于地面上，棚内设有两根铁轨，上有可活动的干燥搅拌机，装有风扇。这种方法每天平均可干燥75千克鲜粪，不怕雨淋，不消耗燃料，比较易于推广。

（3）高温快速干燥：利用高温快速干燥机处理鸭粪，在500～550℃的高温下（12秒钟左右）可使鸭粪水分降到13%以下。其优点是鸭粪中养分损失少。

2. 发酵处理法

发酵处理法比干燥处理具有省能源、成本低、易推广的优点，同时也可达到灭菌、除臭的目的。

（1）饲料发酵法：将鸭粪里的羽毛等杂质去掉后按照干燥鸭粪40%，玉米粉麦麸共60%的比例掺和成混合料，以

100千克混合料加入1千克益生菌活性液的比例加入EM菌发酵液。加水搅拌，水含量应该控制在35%～45%（判断含水量合适不合适的标准也很简单，用手抓一把饲料使劲捏，潮而不见指缝滴水，含水量就够了）。搅拌好之后，将发酵的容器密闭上，在常温下放置，发酵3～5天。根据气温的不同，发酵时间也会有一定的差异，夏天较短，冬天较长。发酵的过程中发酵罐里面的温度会升高到70～72℃，从而杀死微生物，鸭粪自然就变成了安全的猪饲料。

（2）青贮处理法：将鸭粪同其他青饲料按1∶2一起粉碎，并加入3%石灰水拌匀杀菌后入池发酵，青贮30天左右便可使用。这种饲料有清香气味，喂养猪、牛适口性好。

（3）堆肥发酵法：选择在通风好、地势高的地方，最好远离居住区及鸭舍500米以上的下风向，将清理出的带垫料鸭粪堆积成堆，外面用泥浆封闭。一般夏季10天左右，冬季2个月左右。通过堆肥发酵后的鸭粪，是葡萄、西瓜、果树和蔬菜的好肥料。

（4）沼气发酵法：鸭粪是沼气发酵的原料之一，尤其是带水的鸭粪，可以用来制取沼气。建立中小型发酵池，经10～20天发酵便可生产出沼气。沼气可用做生活取暖，沼渣用来做鱼饵或肥料。

**（四）污水的控制处理**

肉用鸭场所排放的污水，主要来自清粪和冲洗鸭舍后的排放粪水，目前比较实用的有物理处理法和化学处理法。

1. 物理处理法

主要利用物理作用，将污水中的有机物、悬浮物、油类及其他固体物质分离出来。养殖场最常用的为沉淀法，即利用污水中部分悬浮固体密度大于水的原理使其在重力作用下自然下沉并与污水分离的方法，这是污水处理中应用最广的方法之一。沉淀法可用于在沉沙池中去除无机杂粒；在一次沉淀池中去除有机悬浮物和其他固体物；在二次沉淀池中去除生物处理产生的生物污泥；在化学絮凝法后去除絮凝体；在污泥浓缩池中分离污泥中的水分，使污泥得到浓缩。

2. 化学处理法

利用化学反应的作用使污水中的污染物质发生化学变化而改变其性质，最后将其除去。

（1）絮凝沉淀法：这是污水处理的一种重要方法。污水中含有的胶体物质、细微悬浮物质和乳化油等，可以采用该法进行处理。常用的絮凝剂有无机的明矾、硫酸铝、三氯化铁、硫酸亚铁等，有机高分子絮凝剂有十二烷基苯磺酸钠、羧甲基纤维素钠、聚丙烯酰胺、水溶性脲醛树脂等。在使用这些絮凝剂时还常用一些助凝剂，如无机酸或碱、漂白粉、膨润土、酸性白土、活性硅酸和高岭土等。

（2）化学消毒法：鸭场的污水中含有多种微生物和寄生虫卵，若鸭群暴发传染病时，所排放的污水中就可能含有病原微生物。因此，采用化学消毒的方式来处理污水就十分必要。经过物理、生物法处理后的污水再进行加药消毒，可以回收用作冲洗圈栏及一些用具，节约了鸭场的用水量。目前，用于污水消毒的消毒剂有液氯、次氯酸、臭氧等，以氯化消毒法最为方便有效，经济实用。

### （五）鼠虫控制

1. 灭鼠

鼠是人、畜多种传染病的传播媒介，鼠还盗食饲料和咬死雏鸭，咬坏物品，污染饲料和饮水，危害极大，因此，鸭场必须做好灭鼠工作。

（1）防止鼠类进入建筑物：鼠类多从墙基、天棚、瓦顶等处窜入室内，在设计施工时注意墙基最好用水泥制成，碎石和砖砌的墙基，应用灰浆抹缝。墙面应平直光滑，防鼠沿粗糙墙面攀登。砌缝不严的空心墙体，易使鼠隐匿营巢，要填补抹平。为防止鼠类爬上屋顶，可将墙角处做成圆弧形。墙体上部与大棚衔接处应砌实，不留空隙。用砖、石铺设的地面，应衔接紧密并用水泥灰浆填缝。各种管道周围要用水泥填平。通气孔、地脚窗、排水沟（粪尿沟）出口均应安装孔径小于1厘米的铁丝网，以防鼠类窜入。

（2）器械灭鼠：器械灭鼠方法简单易行，效果可靠，对人、畜无害。灭鼠器械种类繁多，主要有夹、关、压、卡、翻、扣、淹、黏等。近年来还采用电灭鼠和超声波灭鼠等方法。

（3）化学灭鼠：化学灭鼠效率高、使用方便、成本低、见效快，缺点是能引起人、畜中毒，有些鼠对药剂有选择性、拒食性和耐药性。所以，使用时需选好药剂和注意使用方法，以保证安全有效。灭鼠药剂种类很多，主要有灭鼠剂、熏蒸剂、烟剂、化学绝育剂等。在采用全进全出制的生产程序时，可结合舍内消毒时一并进行。鼠尸应及时清理，以防被鸭误食而发生二次中毒。选用鼠长期吃惯了的食物作饵料，突然投放，饵料充足，分布广泛，以保证灭鼠的效果。

2. 灭蚊、蝇

鸭场易孳生蚊、蝇等有害昆虫，骚扰人、畜和传播疾病，给人、禽健康带来危害，应采取综合措施杀灭。

（1）环境卫生：搞好鸭场环境卫生，保持环境清洁、干燥，是杀灭蚊蝇的基本措施。蚊虫需在水中产卵、孵化和发育，蝇蛆也需在潮湿的环境及粪便等废弃物中生长。因此，填平无用的污水池、土坑、水沟和洼地。保持排水系统畅通，对阴沟、沟渠等定期疏通，勿使污水储积。对贮水池等容器加盖，以防蚊蝇飞入产卵。对不能清除或加盖的防火贮水器，在蚊蝇孳生季节，应定期换水。永久性水体（如鱼塘、池塘等），蚊虫多孳生在水浅而有植被的边缘区域，修整边岸，加大坡度和填充浅塘，能有效地防止蚊虫孳生。鸭舍内的粪便应定时清除，并及时处理，贮粪池应加盖并保持四周环境的清洁。

（2）化学杀灭：化学杀灭是使用天然或合成的毒物，以不同的剂型（粉剂、乳剂、油剂、水悬剂、颗粒剂、缓释剂等），通过不同途径（胃毒、触杀、熏杀、内吸等），毒杀或驱逐蚊蝇。化学杀虫法具有使用方便、见效快等优点，是当前杀灭蚊蝇的较好方法。

①马拉硫磷：为有机磷杀虫剂，它是世界卫生组织推荐用的室内滞留喷洒杀虫剂，其杀虫作用强而快，具有胃毒、触毒作用，也可作熏杀，杀虫范围广，可杀灭蚊、蝇、蛆、虱等，对人、畜的毒害小，故适于鸭舍内使用。

②敌敌畏：为有机磷杀虫剂，具有胃毒、触毒和熏杀作用，杀虫范围广，可杀灭蚊、蝇等多种害虫，杀虫效果好。但对人、畜有较大毒害，易被皮肤吸收而中毒，故在鸭舍内使用时，应特别注意安全。

③合成拟菊酯：是一种神经毒药剂，可使蚊、蝇等迅速

呈现神经麻痹而死亡。杀虫力强，特别是对蚊的毒效比敌敌畏、马拉硫磷等高 10 倍以上，对蝇类，因不产生抗药性，故可长期使用。

**（六）鸭尸体的处理**

在正常情况下，鸭的死亡率每月为 1%～2%。如果鸭群暴发某种传染病，则死鸭数会成倍增加。这些死鸭若不加处理或处理不当，尸体能很快分解腐败，散发臭气。特别应该注意的是患传染病死亡的鸭，其病原微生物会污染大气、水源和土壤，造成疾病的传播与蔓延。因此，必须正确而及时地处理死鸭。

1. 高温处理法

将鸭尸放入特设的高温锅（5 个大气压、150℃）内熬煮，达到彻底消毒的目的。鸭场也可用普通大锅，经 100℃的高温熬煮处理。此法可保留一部分有价值的产品，使死鸭饲料化，但要注意熬煮的温度和时间必须达到消毒的要求。

2. 土埋法

这是利用土壤的自净作用使死鸭无害化。此法虽简单但并不理想，因其无害化过程很缓慢，某些病原微生物能长期生存，条件掌握不好就会污染土壤和地下水，造成二次污染，因此对土质的要求是决不能选用沙质土。采用土埋法，必须遵守卫生防疫要求，即尸坑应远离畜禽场、畜禽舍、居民点和水源，地势要高燥；掩埋深度不小于 2 米；必要时尸坑内四周应用水泥板等不透水材料砌严；鸭尸四周应洒上消毒药剂；尸坑四周最好设栅栏并作上标记。较大的尸坑盖板上还可预留几个孔道，套上 PVC 管，以便不断向坑内投放鸭尸。

3. 饲料化处理

如能在彻底杀死病原菌的前提下，对死鸭作饲料化处理，则可获得优质的蛋白质饲料。

## 二、发生疫情后的扑灭措施

一旦发生一类动物疫病或暴发流行二类、三类动物疫病时，立即报兽医防疫员进行诊断，并迅速将病鸭、可疑病鸭隔离观察，将症状明显或死亡鸭送兽医部门检验，及早做出诊断，一旦确诊为传染病，应根据“早、快、严、小”的原则，迅速采取措施。

1. 提高疫病诊断水平，减少疫病造成的损失

由各种病原引起的疫病，具有一定的特点和相似之处，必须要迅速正确地进行诊断，才能做到对症下药，及时采取防制措施，防止疫病蔓延扩大，减少疫病造成的损失。疫病诊断一般应从症状、解剖病变和流行病学调查着手，对相似症状、病变进行区别诊断，在此基础上应组织实验室诊断。实验室诊断应按照诊断要求采集病料，对所采病料进行病原体观察、培养，并进一步做琼扩试验、荧光抗体试验等办法确定病原。还可继续进行药敏试验、疫苗制作和高免抗体制作，提高防治疫病效果。

只有饲养人员随时观察鸭群动态，才能做到对鸭群疫情的早发现、早确诊、早处理，有利于控制疫病的传播和流行。因此，饲养人员要随时注意观察饲料、饮水的消耗，排粪和产蛋等情况，若有异常，要迅速查明原因。发现可疑传

染性病鸭时，应根据动物防疫的有关法律、法规要求和传染病控制技术尽快确诊，隔离病鸭，封锁鸭舍，在小范围内采取扑灭措施，对健康鸭群采取紧急接种疫苗或进行药物防治。由于传染病发病率高，流行快，死亡率高，因此，饲养的鸭群发生了传染病，应及时通报，让近邻、近地区注意采取预防措施，防止发生大流行。

2. 严格隔离封锁

疫情发生时，要加强封锁和控制，严防传染病的流行和扩散。严禁食用病死鸭，严格隔离病鸭群。病死鸭的尸体、内脏、羽毛、污物等不能随意乱扔，必须焚烧或深埋，重症病鸭要淘汰。病鸭舍和病鸭用过的饲养用具、车辆、接触病鸭的人员、衣物及污染场地必须严格消毒，粪便经彻底消毒或生物发酵处理后方可利用。处理完毕后，经半个月如无新的病例，再进行一次终末彻底消毒，才能解除封锁。

3. 加强消毒，扑灭病原

鸭场发生疫情后在隔离封锁时，应立即对鸭舍、地面、饲槽、水槽及其他用具清洗后进行彻底消毒，扑灭鸭舍周围环境中存在的病原体。

4. 紧急接种

鸭场除平时按免疫程序做好免疫接种外，当发生疫情时，应对已确诊的疫病迅速采用该病的疫苗或高免血清，对受威胁的健康鸭进行紧急接种，使其尽快得到免疫力。尽早采取紧急接种，能明显有效地控制疫情，减少损失。

5. 扑杀、处理病死鸭

鸭场发生一些烈性传染病或人畜共患病的患病鸭要立即

扑杀。对于无治疗意义和经济价值不大的病鸭、死鸭尽快集中深埋或焚烧等无害化处理，将病鸭舍内的粪便发酵后作肥料，禁止随意丢弃病死鸭。如果对有利用价值的病鸭进行加工处理时，需经动物防疫监督检验部门检疫认可后，在不扩散病原的情况下才能进行加工处理，减少损失。

（1）鸭尸的运送

①运送前的准备

Ⅰ. 设置警戒线、防虫：鸭尸和其他须被无害化处理的物品应被警戒，以防止其他人员接近、防止家养动物、野生动物及鸟类接触和携带染疫物品。如果存在昆虫传播疫病给周围易感动物的危险，就应考虑实施昆虫控制措施。如果对染疫动物及产品的处理被延迟，应用有效消毒药品彻底消毒。

Ⅱ. 工具准备：运送车辆、包装材料、消毒用品。

Ⅲ. 人员准备：工作人员应穿戴工作服、口罩、护目镜、胶鞋及手套，做好个人防护。

②装运

Ⅰ. 堵孔：装车前应将鸭尸各天然孔用蘸有消毒液的湿纱布、棉花严密填塞。

Ⅱ. 包装：使用密闭、不泄漏、不透水的塑料袋盛装，运送的车厢不透水，以免流出粪便、分泌物、血液等污染周围环境。

Ⅲ. 注意事项：箱体内的物品不能装的太满，应留下半米或更多的空间，以防鸭尸的膨胀（取决于运输距离和气温）；鸭尸在装运前不能被切割，运载工具应缓慢行驶，以防止溢溅；工作人员应携带有效消毒药品和必要消毒工具以及处理路途中可能发生的溅溢；所有运载工具在装前卸后必须彻底消毒。

③运送后消毒：在鸭尸停放过的地方，应用消毒液喷洒消毒。土壤地面，应铲去表层土，连同鸭尸一起运走。运送过鸭尸的用具、车辆应严格消毒。工作人员用过的手套、衣物及胶鞋等也应进行消毒。

（2）鸭尸的深埋

掩埋是处理畜禽病害肉尸的一种常用、可靠、简便易行的方法。

①选择地点：应远离居民区、水源、泄洪区、草原及交通要道，避开岩石地区，位于主导风向的下方，不影响农业生产，避开公共视野。

②挖坑：坑应尽可能的深（2～7 米）、坑壁应垂直。

③鸭尸处理：在坑底洒漂白粉或生石灰，可根据掩埋鸭尸的量确定（0.5～2.0 千克/平方米），掩埋鸭尸量大的应多加；反之，可少加或不加。鸭尸先用 10%漂白粉上清液喷雾（200 毫升/平方米），作用 2 小时。将处理过的鸭尸投入坑内，使之侧卧，并将污染的土层和运鸭尸时的有关污染物如垫草、绳索、饲料、少量的奶和其他物品等一并入坑。

④掩埋：先用 40 厘米厚的土层覆盖鸭尸，然后再放入未分层的熟石灰或干漂白粉 20～40 克/平方米（2～5 厘米厚），然后覆土掩埋，平整地面，覆盖土层厚度不应少于 1.5 米。

⑤设置标识：掩埋场应标志清楚，并得到合理保护。

⑥场地检查：应对掩埋场地进行必要的检查，以便在发现渗漏或其他问题时及时采取相应措施，在场地可被重新开

放载畜之前，应对无害化处理场地再次复查，以确保对牲畜的生物和生理安全。复查应在掩埋坑封闭后3个月进行。

⑦注意事项：石灰或干漂白粉切忌直接覆盖在鸭尸上，因为在潮湿的条件下熟石灰会减缓或阻止鸭尸的分解。

## 第二节　肉用鸭健康检查

### 一、鸭病的判断

作为饲养者，准确地诊断鸭疾病，主要应从两方面着手：一是看；二是查。

看也就是视诊，首先对发病鸭群的整体状态，如精神、食欲、饮水、营养体况、姿势、羽毛变化及粪便等状况进行全面的观察，以发现其临床症状及病理变化。

查主要是抽查个体病例机体内外的病理变化（包括外部观察和剖检），尤其是体内脏器的特殊病变，以反映出某种鸭病应有的性质，从而做出初步的诊断。这是一种对鸭病最重要的诊断手段。

#### （一）群体检查

为了预防鸭群疫病的发生、传播、蔓延，降低养殖成本，经常对鸭群进行定期的检疫检查，在鸭群的整个饲养过程中具有很重要的现实意义。

1. 精神状态检测

健康鸭站立有神，敏感性强，翅膀收缩有力，紧贴体躯，尾羽上翘，行走有力，采食敏捷，食欲旺盛。如果体温高，精神萎靡，缩颈垂翅，离群独居，闭目呆立，尾羽下垂，食欲废绝，常见于临床症状明显期的某些急性、热性传染病，如副黏病毒病、急性型禽霍乱；体温“正常”或偏高，精神差，食欲不振，临床上见于某些慢性传染病和寄生虫病以及某些营养代谢病，如慢性鸭瘟、慢性禽副伤寒，绦虫病、吸虫病、硒或维生素 E 缺乏症等；精神萎靡，体温下降，缩颈闭目，蹲地伏卧，不愿站立，临床上见于濒死期的病鸭。

2. 采食、饮水状况检测

在正常的情况下，健康的鸭群走动活泼自如，采食正常，其采食量和食完料槽内饲料的时间是有规律的。若发现在一定时间内（1～2 小时）采食量减少，料槽中仍堆放不少未食完饲料，而饲养员感到喂料比前几天大减，则说明鸭群中的鸭食欲减退或不食。此时，鸭群中会出现精神不振、沉郁等异常变化的鸭，说明鸭群中出现病态，应及时进一步详细观察和检查。若此种情况出现在雏鸭群，并有呼吸道症状（如打喷嚏、咳嗽、张口呼吸等），应考虑感冒、细小病毒病等疾病的可能性。如果发现有歪头、扭颈、软脚或犬坐姿势的鸭只，应考虑鸭疫默氏杆菌病和大肠杆菌病的可能性。

3. 运动行为检测

行走摇晃，步态不稳，临床上见于明显期的急性传染病和寄生虫病等，如副黏病毒病、球虫病以及严重的绦虫病、吸虫病等。两肢行走无力，并有痛感，行走间常呈蹲伏姿势，临床上见于鸭佝偻病或骨软症以及葡萄球菌关节炎等。两肢交叉行走或运动失调，跗关节着地，常见于雏鸭维生素

E和维生素D缺乏症，两肢不能站立、仰头蹲伏呈观星姿势，临床上见于雏鸭维生素$B_1$缺乏症。两肢麻痹、瘫痪、不能站立，常见于雏鸭维生素$B_2$缺乏症。企鹅样立起或行走，临床见于母鸭严重的卵黄性腹膜炎。

4. 呼吸动作检测

气喘、咳嗽、呼吸困难，临床上见于某些传染病，如曲霉菌病、流行性感冒、大肠杆菌病等，也可见于某些寄生虫病。

5. 神经症状检测

扭颈，出现神经症状，临床上见于某些传染病如副黏病毒病等，亦可见于某些中毒病和某些营养代谢病。

6. 声音检测

健康鸭叫声响亮，而患病鸭则叫声无力。若叫声嘶哑，临床上见于鸭疾病晚期的病例，如慢性鸭瘟、流行性感冒、禽流感以及副黏病毒病等，也见于某些寄生虫病。

7. 羽毛检测

羽毛是鸭皮肤特有的衍生物，具有保温、散热、防水及防止外界损伤的作用。健康的成年鸭羽毛紧凑、平整、光滑。若羽毛蓬松、污秽、无光泽，临床上见于慢性传染病、寄生虫病和营养代谢病，如禽副伤寒、大肠杆菌病、鸭瘟、慢性禽霍乱、绦虫病、吸虫病、维生素A和维生素$B_1$缺乏症等。羽毛稀少，常见于烟酸、叶酸缺乏症，也可见于维生素D和泛酸缺乏症。羽毛松乱或脱落，临床上见于鸭B族维生素缺乏症和含硫氨基酸不平衡。头颈部羽毛脱落见于泛酸缺乏症。羽毛断裂或脱落多见于鸭外寄生虫病，如羽毛虱和羽螨。

### （二）个体检查

检查时以右手握持鸭的两翅，举起鸭体，从头到尾视检全身。

1. 头部检查

（1）头部皮肤：主要观察皮肤有没有损伤、炎症，皮肤颜色变化，皮下有没有水肿等情况。外伤、打斗可造成头部皮肤的损伤和炎症肿胀；某些传染病和中毒病可引起机体缺氧，头部皮肤颜色表现为发紫，如亚硝酸盐中毒鸭；患鸭瘟病时，头部皮下水肿。

（2）喙：喙的质地和形态是否改变，颜色是否正常，色泽有否消退。幼鸭患软骨病时喙发软，容易弯曲出现变形。喙色泽发紫，常见于小鹅瘟、禽霍乱、鸭卵黄性腹膜炎、维生素E缺乏症等疾病。喙变软、易扭曲，常见于幼鸭钙磷代谢障碍、维生素D缺乏症以及氟中毒。

（3）口腔：主要观察口腔内有无过多的分泌物，黏膜是否苍白、充血、出血，口腔与喉头部有无假膜覆盖，有无溃疡或异物存在等。检查者可用手指抵住鸭咽喉部皮肤或用手捏住两嘴角喙根部，令其张开口腔以观察。口腔流出水样混浊液体，临床上见于副黏病毒病、鸭瘟等。口腔内有刺鼻的气味，常见于有机磷及其他农药中毒，如有机磷农药中毒具有大蒜气味。口腔黏膜有炎症或有白色针尖大的结节，见于雏鸭维生素A缺乏症和烟酸缺乏症。口腔黏膜形成黄白色、干酪样假膜或溃疡，严重者甚至蔓延至口腔外部，嘴角亦形成黄白色假膜，临床上见于鸭霉菌性口炎，即鸭口疮。

（4）鼻腔：鸭鼻腔有分泌物是鼻道疾病最显著的征候，

鼻孔及其窦腔内有黏液性或浆液性分泌物，常见于鸭流行性感冒、鸭曲霉菌感染、大肠杆菌病、霉形体病，也见于棉籽饼中毒等。鼻腔内有牛奶样或豆腐渣样物质，则见于维生素A缺乏症。

（5）喉及气管：打开鸭的口腔也可观察到喉头的变化，主要观察喉头是否有充血、出血、水肿，分泌物情况，有无假膜覆盖等。如喉头干燥、有易剥落的白色假膜，多见于各种维生素缺乏症。压迫气管，鸭即表现为疼痛反应性咳嗽、甩头、张口吸气等，多表示气管和喉有炎症。

（6）眼睛：主要观察眼结膜的颜色，有无出血、损伤，分泌物及眶下窦情况。如眼球下陷，临床上常见于某些传染病、寄生虫病等因腹泻引起机体脱水所致，如副黏病毒病、禽副伤寒、大肠杆菌病、绦虫病以及某些中毒病等。眼结膜充血、潮红、流泪、眼睑水肿，临床上见于禽霍乱、嗜眼吸虫病、禽眼线虫病以及维生素A缺乏症。眼睛有黏性或脓性分泌物，常见于鸭瘟、禽副伤寒、大肠杆菌眼炎以及其他细菌或霉菌引起的眼结膜炎。眼结膜有出血斑点，临床上见于禽霍乱、鸭瘟等。眼睛有黏液性分泌物流出，使眼睑变成粒状，则见于雏鸭生物素及泛酸缺乏症等。角膜混浊，流泪，见于维生素A缺乏症；角膜混浊，严重者形成溃疡，临床上见于慢性鸭瘟。瞬膜下形成黄色干酪样小球、角膜中央溃疡，临床上见于曲霉菌性眼炎。

2. 食道膨大部检查

鸭的食道膨大部相当于鸭的嗉囊，检查者可以用手按摸以了解其内容物性质，必要时可将鸭倒提使头下垂并挤压，检查食道膨大部内有无酸臭并带气泡的液体从其口腔内流出。鸭口疮患鸭食道膨大部膨大，触诊松软，挤压或倒提即见从口腔流出酸败的带气泡的内容物。患硬嗉病时，按压食道膨大部有面团样感，有的感觉坚硬，里面充满硬内容物。

3. 胸部检查

通过触摸了解胸廓是否有疼痛、肋骨有无突起、胸骨有没有变软、变形。检查营养状况时，可触诊胸骨两侧的肌肉丰满程度。也可以听诊有无异常的呼吸音响，以考察呼吸系统的功能变化。如肺和气管的呼吸音粗厉、有啰音多说明呼吸系统有炎症。

4. 腹部检查

腹部检查常用视诊、触诊和穿刺等方法，主要了解腹围的变化和腹腔器官内容物的状态变化。腹围膨大见于产蛋鸭的卵黄性腹膜炎，有时亦见于产蛋鸭的腹围缩小，常见于慢性传染病和寄生虫病，如慢性副伤寒、裂口线虫病、绦虫病等；还有卵黄性腹膜炎时，触诊腹部有波动感，穿刺可抽出多量淡黄色或污灰色腥臭浑浊渗出液。

5. 肛门、泄殖腔检查

注意观察肛门周围有无粪便污染，泄殖腔有否肿胀、外翻，再用拇指和食指翻开泄殖腔，观察黏膜色泽、完整性及其状态。肛门周围有稀粪沾污，见于多种腹泻性疾病；肛门周围有炎症、坏死和结痂病灶，常见于泛酸缺乏症。泄殖腔黏膜充血或有出血点，见于各种原因引起的泄殖腔炎症，如前殖吸虫病、副黏病毒病等，有时也见于禽霍乱；患鸭瘟病时，肛门水肿、泄殖腔黏膜充血、肿胀，严重者泄殖腔外翻。

6. 腿、关节、脚和蹼检查

主要检查腿的各部的完整性，关节的活动性，关节和韧带的连接状况，腿部骨骼的形状，脚、蹼的完整性和颜色等。如触摸腿部各关节，检查有无肿胀、骨折、变形或运动不灵活等现象，这些部位常见的征候和相应的疾病有趾关节、附关节发生关节囊炎时，关节肿胀并有波动感，有的还含有脓汁，通常滑膜支原体、金黄色葡萄球菌、沙门氏菌属病原体都可引发这些变化；跖骨软、易折，临床上见于佝偻病、骨软症，以及氟中毒引起的骨质疏松；脚、蹼前端逐渐变黑、干燥，有时脱落是由葡萄球菌引起。脚、蹼发紫，常见于卵黄性腹膜炎、维生素 E 缺乏症；脚、蹼干燥或有炎症，常见于 B 族维生素缺乏症，以及各种疾病引起的慢性腹泻；脚蹼趾爪蜷曲或麻痹见于雏鸭维生素 $B_2$ 缺乏症；锰缺乏的鸭跗关节异常肿大，常一只腿从跗关节处屈曲而无法站立，可因麻痹而饥饿死亡。

7. 体温测量

必要时可进行体温测量，将体温计插入泄殖腔的直肠部 2～3 厘米深处 3～5 分钟，注意不要损伤输卵管。鸭的正常体温为 41℃左右，其变动范围受品种、测温时间、季节、外界温度和饲料等因素的影响。某些疾病因素可造成鸭体温的升高，如禽霍乱、鸭瘟等急性传染病；体质衰弱、严重营养不良、贫血及濒死期的病鸭体温可下降。

8. 粪便

大便拉稀，临床上见于细菌、霉菌、病毒和寄生虫等病原引起鸭的腹泻，如禽副伤寒等，也见于某些营养代谢病和中毒病等。大便呈石灰样，临床上多见于维生素 A 缺乏症和磺胺药中毒等。大便拉稀，带有黏液状并混有小气泡，临床上见于雏鸭维生素 $B_2$ 缺乏症，或采食过量的蛋白质饲料引起的消化不良等。大便拉稀，呈青绿色，临床上见于鸭副黏病毒病、慢性禽霍乱等。大便拉稀，并混有暗红或深紫色血黏液，临床上见于鸭球虫病，有时亦见于禽霍乱。大便呈血水样，临床上见于球虫病，有时也偶见于磺胺药中毒以及呋喃丹中毒。

**（三）鸭病的病理剖检处理**

病理剖检即是对患鸭或病死鸭的尸体进行剖解，以全面、细致地检查病鸭各个器官、组织的病理变化，为快速诊断疾病提供重要依据。在临床上，大多数鸭病没有特征性的临床症状，想从临床症状上把每种病鉴别开是比较困难的。另外，尽管实验室检查对鸭病的诊断起决定作用，但它往往要有一定的设备条件，且常需要较长的时间。而禽类的病理剖检诊断方法简单易行，也比较容易掌握，因此，对于经验丰富的禽病工作者来说，病理剖检是鸭病诊断最主要的手段。

1. 病理剖检的准备

（1）剖检器械的准备：正常剖检鸭所用器械包括手术刀、手术剪、骨剪、消毒桶、搪瓷盘等。如无上述器械时，也可用家用剪子、剔骨刀、塑料桶等代替。

（2）剖检防护用具的准备：在条件允许情况下剖检人员应穿工作服、戴工作帽和胶手套，穿工作靴。剖检中如遇手等部位受伤，应立即停止剖检，用碘酒消毒伤口。

对活的病鸭，应先扭颈使其死亡再剖检。

待检病死鸭应先对其外部形态变化进行认真观察、记录，然后再实施剖检。剖检前先对待检鸭进行尸体消毒处理。方法是将病死鸭在桶内的消毒液里浸湿，然后放到解剖盘里进行解剖检查。

（3）剖检消毒药的准备

①0.1%的新洁尔灭溶液：多用于剖检人员皮肤和器械的消毒。

②来苏儿（煤酚皂）、芳香来苏儿（甲酚皂）：1%～2%水溶液用于皮肤和器械消毒，3%～5%水溶液用于地面、墙壁、用具、待检鸭尸体、粪便等的消毒。

③也可采用其他含溴消毒剂、含碘消毒剂等进行消毒。

2. 病理剖检的程序

剖检病鸭最好在死后或濒死期进行。对于已经死亡的鸭只，越早剖检越好，因时间长了尸体易腐败，尤其夏季，易使病理变化模糊不清，失去剖检意义。如暂时不剖检的，可装入塑料袋内暂存放在4℃冰箱内。解剖前先进行体表检查。

病理剖检一般遵循由外向内，先无菌后污染，先健部后患部的原则，按顺序、分器官逐步完成。活鸭应首先放血处死、死鸭能放出血的尽量放血，检查并记录患鸭外表情况，如皮肤、羽毛、口腔、眼睛、鼻孔、泄殖腔等有无异常。用消毒液将鸭尸羽毛沾湿或浸湿，避免羽毛、尘屑飞扬，然后将鸭尸放在解剖盘中或塑料布上。

（1）体表检查：选择症状比较典型的病鸭作为剖检对象，解剖前先做体表检查，即测量体温，观察呼吸、姿态、精神状况、羽毛光泽、头部皮肤的颜色，特别是鸭冠和肉髯的颜色，仔细检查鸭体的外部变化并记录症状。如有必要，可采集血液（静脉或心脏采血）以备实验室检验。

①病鸭的体况：姿势，肥胖或消瘦，羽毛是否粗乱、污秽、有无光泽。

②面部、冠和肉髯：注意皮肤的颜色是否苍白贫血或暗红，表面有无棕色的痘痂（鸭痘）或鳞片结痂，冠髯是否肿胀和有结节（传染性鼻炎、慢性鸭霍乱或禽痘）。

③口、鼻、眼：注意鼻孔和口腔有无分泌物（传染性鼻炎、传染性支气管炎），咽喉黏膜有无干酪样物质形成的假膜（白喉型禽痘）或白色针头状小结节（维生素 A 缺乏症）、注意虹膜的色泽和瞳孔的形状，眼部是否肿胀，眼睑内有无干酪样渗出物蓄积（传染性鼻限炎、黏膜型鸭瘟、维生素 A 缺乏症）。

④肛门：肛门周围羽毛有无稀粪粘污，泄殖孔附近是否有粪污或白色粪便所阻塞。

⑤体外寄生虫：鸭羽毛根部是否有虱卵缀着。如鸭有外寄生虫感染时，表现有羽毛粗乱。

（2）鸭体剖检方法：病理剖检一般遵循由外向内，先无菌后污染，先健部后患部的原则，按顺序，分器官逐步完成。

①活禽应首先放血处死、死禽能放出血的尽量放血，检查并记录患鸭外表情况，如皮肤、羽毛、口腔、眼睛、鼻孔、泄殖腔等有无异常。

②用消毒液将禽尸羽毛沾湿或浸湿，避免羽毛、尘屑飞扬，然后将禽尸放在解剖盘中或塑料布上。

③用刀或剪把腹壁和两侧大腿间的疏松皮肤纵向切开，

剪断连接处的肌膜，两手将两股骨向外压，使股关节脱臼，卧位平稳。

④将龙骨末端后方皮肤横行切断，提起皮肤向前方剥离并翻置于头颈部，使整个胸部至颈部皮下组织和肌肉充分暴露，观察皮下、胸肌、腿肌等处有无病变，如有无出血、水肿，脂肪是否发黄，以及血管有无淤血或出血等。

⑤皮下及肌肉检查完之后，在胸骨末端与肛门之间做一切线，切开腹壁，再顺胸骨的两边剪开体腔，以剪刀就肋骨的中点，由后向前将肋骨、胸肌、锁骨全部剪断，然后将胸部翻向头部，使体腔器官完全暴露。然后观察各脏器的位置、颜色、有无畸形，浆膜的情况如有无渗出物和粘连，体腔有无积水、渗出物或出血。接着剪断腺胃前的食管，拉出胃肠道、肝和脾，剪断与体腔的联系，即可摘出肝、脾、生殖器官、心、肺和肾等进行观察。若要采取病料进行微生物学检查，一定要用无菌方法打开体腔，并用无菌法采取需要的病料（肠道病料的采集应放到最后），后再分别进行各脏器的检查。

⑥将禽尸的位置倒转，使头朝向剖检者，剪开嘴的上下连合，伸进口腔和咽喉，直至食管和食道膨大部，检查整个上部消化道，以后再从喉头剪开整个气管和两侧支气管。观察后鼻孔、腭裂及喉口有无分泌物堵塞；口腔内有无伪膜或结节；再检查咽、食道和喉、气管黏膜的颜色，有无充血、出血、黏液和渗出物。

⑦根据需要，还可对鸭的神经器官如脑、关节囊等的剖检。脑的剖检可先切开头顶部皮肤，从两眼内角之间横行剪断颧骨，再从两侧剪开顶骨、枕骨，掀除脑盖，暴露大、小

脑，检查脑膜以及脑髓的情况。

3. 各器官常见病变及其诊断

各种不同的致病因子作用所造成的病理变化有差别，因此，鸭患病时，各器官组织表现的病理变化常常有着十分重要的诊断意义。

（1）皮下组织

①皮下水肿：常发生在胸、腹部及两腿之间的皮下，患部呈蓝紫色或蓝绿色，见于鸭的渗出性素质（鸭硒或维生素E缺乏）。

②皮下出血：见于某些传染病，如鸭霍乱、禽流感、大肠杆菌性败血症、传染性贫血等。

③皮下化脓或坏死：常发生在胸骨的前部，见于由金黄色葡萄球菌、链球菌或大肠杆菌引起的胸骨（龙骨）囊肿。

（2）肌肉

①肌肉苍白：常见于各种原因引起的内出血。如白痢、硒/维生素E缺乏、磺胺药中毒、肝脏破裂等。

②肌肉出血：胸肌、腿肌的条状出血，见于传染性法氏囊病、维生素K缺乏症；另外，在传染性贫血、鸭霍乱、土霉素中毒、黄曲霉素中毒等也可见到。

③肌肉坏死：见于维生素E缺乏症；由金黄色葡萄球菌、链球菌等感染性炎症引起的坏死；由厌氧梭菌感染引起的腐败变质；由注射油乳剂疫苗不当所致的局部肌肉坏死。

④腓肠肌断裂：见于病毒性关节炎。

⑤肌肉表面出现霉菌斑块：见于曲霉菌病。

（3）腹腔

①腹腔内腹水过多：见于腹水综合征、大肠杆菌病、黄

曲霉素中毒；也可见于副伤寒等。

②蛋鸭输卵管积液（囊肿）：见于传染性支气管炎病毒、沙眼衣原体感染、禽流感病毒、大肠杆菌病、激素分泌紊乱等。

③腹腔内有血液或凝血块：见于各种原因引起的急性肝破裂，如副伤寒等。

④腹腔有淡黄色或纤维素性或干酪样或胶冻样渗出物：见于由大肠杆菌或沙门氏杆菌引起的腹水综合征等。

（4）肝脏

①肝脏肿大，表面有圆形或不规则的粟粒大至黄豆大小的坏死灶：见于盲肠肝炎（组织滴虫病）。

②肝脏肿大，表面有呈放射状（星状）坏死灶：见于弯曲杆菌性肝炎。

③肝脏肿大，表面有广泛密集的点状灰白色坏死灶：见于急性鸭霍乱、细小病毒病。

④肝脏肿大，表面有散在的灰白色或灰黄色坏死灶：见于急性白痢、伤寒、副伤寒、链球菌病、大肠杆菌病等。

⑤肝脏肿大，表面有灰白色斑纹：见于青年、成年鸭伤寒等。

⑥肝脏肿大，有斑状出血：见于包涵体肝炎、磺胺类药物中毒、雏鸭肝炎、雏鸭应激综合征等。

⑦肝脏肿大并出现肉芽肿：见于大肠杆菌性肉芽肿。

⑧肝脏肿大，表面有纤维素性物质覆盖（肝周炎）：大肠杆菌病、鸭传染性浆膜炎。

⑨肝脏肿大，呈青铜色或墨绿色：见于副伤寒、大肠杆菌病；也可见于葡萄球菌病、链球菌病。

⑩肝脏肿大，硬化，呈土黄色，表面粗糙不平：见于慢性黄曲霉毒素中毒。

⑪肝脏肿大，呈淡黄色或土黄色，质地柔软易碎：见于维生素 E 缺乏症；也可见于传染性法氏囊病。

⑫肝脏肿大，肝被膜下形成血肿：常由肝破裂引起，见于脂肪肝综合征等；肝被膜下形成血肿，有时也见于胸部肌内注射疫苗不当刺破肝脏后引起的。

⑬肝脏萎缩，硬化：见于腹水综合征的晚期、黄曲霉毒素中毒。

⑭肝脏表面树枝状出血：见于鸭出血症。

（5）胆囊及胆管

①胆囊充盈、肿大：见于急性传染病，如鸭霍乱、住白细胞虫病、某些药物中毒等。

②胆囊缩小、胆汁少、色淡或胆囊黏膜水肿：见于严重的绦虫病、蛔虫病、吸虫病、蛋白质营养缺乏症等。

③胆汁浓，呈墨绿色：见于急性传染病死亡的病例，如急性鸭霍乱、禽流感、大肠杆菌性败血症等。

（6）脾脏

①脾脏肿大，有散在的灰白色点状坏死灶：见于伤寒、副伤寒、鸭霍乱、鸭衣原体病、鸭传染性浆膜炎；也可见于禽流感、鸭瘟、葡萄球菌病、住白细胞虫病等。

②脾脏肿大，表面有灰白色斑驳：见于伤寒、副伤寒、大肠杆菌性败血症、李氏杆菌病、螺旋体病、弯曲杆菌病等。

③脾脏表面树枝状出血：见于鸭出血症。

（7）腺胃

①球状肿大：表现为腺胃肿胀得较肌胃还大，如其乳头

并不肿胀，则见于饲料中纤维素缺乏，也有报道认为喂给大量劣质鱼粉时也会发生；如腺胃乳头肿大，见于传染性腺胃炎。

②腺胃乳头或黏膜出血：见于新城疫、禽流感，喹乙醇中毒、急性鸭霍乱。

③腺胃黏膜溃疡、坏死：见于鸭流感。

④腺胃乳头水肿、出血：见于维生素 E 缺乏症、禽脑脊髓炎。

⑤腺胃膨大、胃壁增厚、切面呈煮肉样：见于胃肠型的鸭传染性支气管炎。

⑥腺胃与肌胃交界处形成出血带或出血点：见于禽流感、鸭螺旋体病。

（8）肌胃

①肌胃穿孔：多因肌胃内存在的铁钉或其他异物在肌胃收缩时，穿透肌胃壁所致，这种病常伴有腹膜炎。

②肌胃糜烂、角质膜变黑脱落：多见于饲喂变质鱼粉、蚕蛹、霉变饲料或胆汁反流引起胆酸或氧化胆酸的作用所致。也可见于硫酸铜中毒。

③肌胃角质膜易脱落、角质层下有出血斑点或溃疡：见于新城疫、住白细胞虫病；也可见于禽流感、李氏杆菌病及某些中毒病。

④肌胃、腺胃黏膜坏死：见于赤霉菌毒素中毒。

（9）肠道

①出血性肠炎：在小肠的上 1/3 肠壁肿胀，上有白斑或出血点，黏膜表面有血液，多见于由巨型艾美球虫引起的小肠球虫病；小肠后半部肿胀，肠腔内充满红色黏液，多见于

由毒害艾美尔球虫引起的小肠球虫病；盲肠肿胀，充满鲜血液或血凝块，病鸭排出鲜血样粪便，多见于盲肠球虫病。此外，新城疫、禽流感、氟乙酰胺中毒、冠状病毒性肠炎也可见到类似的变化。

②坏死性肠炎：表现为肠道变色、肿胀、黏膜出血、有炎性渗出物（在回肠处变化最明显），小肠肠管增粗，肠道黏膜坏死或肠黏膜上覆盖一层灰白色伪膜，多见于魏氏梭菌（C型）感染。

③溃疡性肠炎：急性病例为十二指肠出血，肠壁上有小点出血。慢性时从肠壁的浆膜和黏膜面上都能看到一种边缘出血的黄色小溃疡灶或呈圆形，凸起的较大溃疡，此种溃疡边缘常无出血，或由于溃疡的相互融合而形成一种大的固膜性坏死性斑块，多见于棒状杆菌病。

④十二指肠前段有芝麻粒大的出血点：见于副伤寒。也有人报道，在新城疫强毒感染后也可见此种病变。

⑤寄生于十二指肠和空肠内的寄生虫：有蛔虫、绦虫、有伞毛细线虫。

⑥寄生于盲肠内的寄生虫：有异刺线虫、组织滴虫、鸟类圆线虫。

⑦寄生于直肠内的寄生虫：有前殖吸虫。

⑧肠道黏膜坏死：见于伤寒、副伤寒、大肠杆菌病、维生素E缺乏症等。

⑨小肠某节段肠管呈现出血发紫且肠腔内有出血黏液或暗红色血凝块：见于禽肠系膜疝、肠扭转。

⑩小肠肠管膨大、阻塞：见于鸭的肠梗阻（常由饲料中的粗纤维和严重的蛔虫感染引起）。

⑪肠壁上有大小不等的肿瘤状结节：见于棘沟赖利绦虫病，肠壁上有出血小结节，可见于住白细胞虫病。

⑫盲肠肿大，内含有黄色干酪样凝固渗出物：见于盲肠肝炎。

⑬盲肠不肿大，内含有干酪样凝性栓塞：见于伤寒、副伤寒；也可见于恢复期的盲肠球虫病。

⑭卵黄蒂出血：见于鸭瘟。

⑮直肠的条纹状出血：多见于新城疫。

（10）盲肠扁桃体

①盲肠扁桃体肿大、出血：见于新城疫、传染性法氏囊病、伤寒、大肠杆菌病、禽流感、球虫病、喹乙醇中毒。

②盲肠扁桃体肿大、出血、坏死：见于住白细胞虫病。

（11）胰腺

①胰腺肿大，有灰白色坏死灶：见于鸭单核白细胞增多症。

②胰腺出血，有针尖大小的白色坏死点或坏死灶：见于禽流感。

③胰腺肿大，有出血性小结节：见于住白细胞虫病。

④胰腺肿大、出血、滤泡增大：见于新城疫、急性败血性传染病，如急性鸭霍乱、细小病毒病、伤寒、副伤寒、鸭脑脊髓炎、大肠杆菌性败血症、氟乙酰胺中毒等。

⑤胰腺出现肿瘤或肉芽肿：见于大肠杆菌、沙门杆菌引起的肉芽肿。

⑥胰腺萎缩、苍白而坚硬、腺管阻塞：见于传染性生长障碍综合征；胰腺萎缩呈棉线状，见于慢性霉败饲料中毒；胰腺萎缩、腺细胞内有空泡形成，并有透明小体，见于硒/

维生素 E 缺乏症。

（12）肾脏、输尿管

①肾脏显著肿大，呈灰白色或有肿瘤结节：见于大肠杆菌性肉芽肿。

②肾脏肿大，淤血：见于伤寒、副伤寒、链球菌病、螺旋体病；也可见于禽流感、雏鸭肝炎、食盐中毒等。

③肾脏肿大且表面有尿酸盐沉着，呈“花斑肾”：见于肾型传染性支气管炎、传染性法氏囊病、磺胺药中毒、高钙日粮、维生素 A 缺乏症、饮水不足等。

④肾脏有霉菌结节：见于霉菌感染。

⑤肾脏苍白：见于副伤寒、严重的绦虫病、吸虫病、球虫病；也可见于各种原因引起的内脏出血等。

⑥输尿管有尿酸盐沉积（或结石）：见于肾型传染性支气管炎、传染性法氏囊病、磺胺药中毒、维生素 A 缺乏症、钙磷比例失调等。

（13）卵巢、输卵管或睾丸、阴茎

①卵泡形态不完整、皱缩、变性：见于伤寒、副伤寒、大肠杆菌病。

②卵泡充血、出血或卵泡血肿：见于新城疫、禽流感等。

③输卵管内有凝固性坏死物质：见于伤寒、副伤寒；输卵管内有絮状凝固蛋白，则见于低致病性禽流感。

④输卵管内有寄生虫：见于前殖吸虫病。

⑤左侧输卵管细小：见于肾型传染性支气管炎。

⑥输卵管积液（囊肿）：见于传染性支气管炎病毒、沙眼衣原体感染、禽流感病毒、大肠杆菌病、激素分泌紊

乱等。

⑦输卵管炎：见于大肠杆菌、沙门杆菌等引起的感染。

⑧睾丸萎缩、变性：见于维生素E缺乏症。

⑨阴茎脱垂、红肿、糜烂或有坏死小结节或结痂：见于阴茎外伤感染。

（14）法氏囊

①法氏囊黏膜肿大、出血：见于传染性法氏囊病、鸭瘟、隐孢子虫病；偶见于禽流感、严重的绦虫病。

②法氏囊内有干酪样物质：见于恢复期的传染性法氏囊病、隐孢子虫病；也可见于其他引起法氏囊炎症的疾病。

③法氏囊萎缩：见于包涵体肝炎、传染性生长障碍综合征、黄曲霉毒素慢性中毒、一些细菌内毒素引起的法氏囊萎缩；也可见于正常的生理性退化、萎缩。

（15）心包和心脏

①心包膜有纤维素渗出：见于大肠杆菌病、败血霉形体病、衣原体病、鸭传染性浆膜炎。

②心包积液或含有纤维蛋白：大肠杆菌病、败血霉形体病、鸭霍乱、副伤寒；也可见于禽流感、李氏杆菌病、衣原体病、食盐中毒、氟乙酰胺中毒、磷化锌中毒。

③心肌有灰白色坏死或有小结节或肉芽肿：见于伤寒、副伤寒、大肠杆菌病。

④心冠脂肪出血或心内膜有出血斑点：见于鸭霍乱、禽流感、鸭瘟、伤寒、大肠杆菌性败血症；也可见于食盐中毒、磺胺药中毒、棉籽饼中毒、氟乙酰胺中毒。

⑤心肌缩小、心冠脂肪呈现透明样外观：见于慢性传染

病、严重寄生虫病或严重的营养不良，如慢性伤寒、副伤寒、严重的蛔虫病和绦虫病等。

⑥心内膜炎：见于葡萄球菌病。

⑦右心衰竭：见于腹水综合征。

（16）肺脏和气囊

①肺脏有黄色粟粒大至豌豆大的结节：见于曲霉菌病。

②肺脏表面有灰黑色或淡绿色霉斑：见于曲霉菌病。

③肺脏淤血、水肿：见于鸭霍乱、鸭链球菌病、雏鸭败血性鸭白痢、传染性法氏囊病、大肠杆菌性败血症；也可见于棉籽饼中毒。

④肺脏出现肉芽肿：见于大肠杆菌病；也可见于感染气囊螨病。

⑤囊浑浊、囊壁增厚、有纤维素性渗出物：见于败血霉形体病、大肠杆菌病。

⑥副伤寒、禽流感、鸭传染性支气管炎、传染性鼻炎、鸭衣原体病、鸭传染性浆膜炎、鸭变形杆菌病；也可见于链球菌病、新城疫、隐孢子虫病。

⑦气囊上有白色小点：见于气囊螨感染。

（17）口腔、食道、嗉囊

①舌头边缘有白斑：见于霉菌毒素中毒或鸭舍内的湿度过低。

②口腔、咽喉部的黏膜上有“白喉型”假膜：见于鸭痘。

③口腔、食道、嗉囊上的白色假膜和溃疡：见于毛细线虫属的蠕虫、酵母菌、念珠菌、组织滴虫或某些霉菌的感染等。

④口腔、咽和食道有小的白色的脓疮，且可蔓延到嗉囊，脓疮的直径可达2毫米：见于维生素A缺乏、鸭瘟等。

⑤食道下段黏膜有出血斑：见于呋喃丹中毒。

⑥嗉囊内积满煤焦油样的液体：见于肌胃糜烂。

⑦嗉囊内充满食物：见于嗉囊异物阻塞。

⑧嗉囊内充满黄色液体：见于喹乙醇中毒等。

⑨嗉囊内充满酸臭的内容物：见于嗉囊秘结。

⑩嗉囊内容物有刺鼻的蒜臭味：见于有机磷中毒。

⑪嗉囊内积满黏液：见于新城疫。

(18) 喉头、气管、支气管

①喉头、气管出血：见于新城疫、禽流感、鸭瘟。

②喉头、气管有血性黏液或淡黄色干酪样附着物：见于传染性喉气管炎。

③喉头、气管有黏液性渗出物：见于新城疫、禽流感、曲霉菌病、鸭败血霉形体病、氨气过浓等。

④喉头、气管、支气管内的寄生虫：见于比翼吸虫、支气管杯口线虫。

⑤喉头、气管黏膜上有干酪样坏死斑点：见于黏膜型鸭痘。

⑥气管、支气管环充血、出血：见于新城疫、传染性支气管炎。

⑦支气管内有渗出液或淡黄色干酪样凝固栓子：见于支气管炎型的传染性支气管炎。

⑧气管内有干酪样渗出物：见于鸭变形杆菌病。

(19) 胸腺

①胸腺肿大、出血：见于鸭霍乱、败血性大肠杆菌

病等。

②胸腺萎缩：可见于鸭传染性贫血、肉用鸭传染性生长障碍综合征、蛋白质缺乏症、慢性黄曲霉毒素中毒。

（20）甲状旁腺肿大：见于佝偻病、骨软症。

（21）鼻腔及眶下窦

①鼻腔肿胀，内有奶油样或豆腐渣样渗出物：见于传染性鼻炎、维生素 A 缺乏症等。

②眶下窦肿胀：见于慢性呼吸道病、败血霉形体病。

（22）脑

①小脑软化、肿胀、有出血点或坏死灶：见于维生素 E/硒缺乏症。

②脑水肿：见于传染性脑脊髓炎。

③脑及脑膜有淡黄色结节或坏死灶：见于霉菌性脑炎。

④大脑呈树枝状充血或有出血点、脑实质水肿或坏死：见于脑炎型大肠杆菌或沙门杆菌感染。

⑤脑膜充血、水肿或点状出血：见于禽流感、中暑，酚类消毒剂中毒等。

（23）外周神经

①坐骨神经、臂神经的体积显著肿大（多为一侧）：见于维生素 $B_2$ 缺乏症等。

②颈神经受损：见于肉毒梭菌毒素中毒、颈椎侧突凸出等。

（24）骨骼和关节

①后脑颅骨变薄、变软：见于维生素 E 缺乏症、佝偻病。

②胸骨（龙骨）呈“S”状弯曲：见于佝偻病、严重的绦虫病。

③跖骨软、易弯曲：见于佝偻病、骨软症。

④跖骨较硬、易折断：见于饲喂含氟磷酸氢钙引起的氟中毒。

⑤关节肿胀，有炎性渗出物：见于葡萄球菌、链球菌、大肠杆菌、沙门杆菌、巴氏杆菌等引起的感染。

⑥腱滑脱：见于锰缺乏症。

⑦肌腱出血、断裂：见于病毒性关节炎。

⑧骨髓发黑：见于葡萄球菌、大肠杆菌、腺病毒等感染引起的骨髓炎。

4. 剖检结果的描述、记录

对在剖检时看到的病理变化，要进行客观地描述并及时准确地记录下来，为兽医做出诊断提供可靠的材料。在描述病变时常采用如下的方法。

（1）用尺量病变器官的长度、宽度和厚度，以厘米为计量单位。

（2）用实物形容病变的大小和形状，但不要悬殊太大，并采用当地都熟悉的实物。如表示圆形体积时可用小米粒大、豌豆大、核桃大等；表示椭圆时，可用黄豆大、鸽蛋大等；表示面积时可用一分、五分硬币大等；表示形状时可用圆形、椭圆形、线状、条状、点状、斑状等。

（3）描述病变色泽时，若为混合色，应次色在前，主色在后，如鲜红色、紫红色、灰白色等；也可用实物形容色泽，如青石板色、红葡萄酒色及大理石状、斑驳状等。

（4）描述硬度时，常用坚硬、坚实、脆弱、柔软来形容，也可用疏松、致密来描述。

（5）描述弹性时，常用橡皮样、面团样、胶冻样来表示。

此外，在剖检记录中还应写明病禽品种、日龄、饲喂何种饲料，疫苗使用情况及病禽死前症状等。剖检工作完成后，要注意把尸体、羽毛、血液等物深埋或焚烧。剖检工具、剖检人员的外露皮肤用消毒液进行消毒，剖检人员的衣服、鞋子也要换洗，以防病原扩散。

5. 病理剖检的注意事项

（1）在进行病理剖检时，如果怀疑待检的鸭已感染的疾病可能对人有接触传染时（如鸟疫、丹毒、禽流感等），必须采取严格的卫生预防措施。剖检人员在剖检前换上工作服、胶靴、佩戴优质的橡胶手套、帽子、口罩等，在条件许可的条件下最好戴上面具，以防吸入病禽的组织或粪便形成的尘埃等。

（2）在进行剖检时应注意所剖检的病（死）禽应在禽群中具有代表性。如果病鸭已死亡则应立即剖检（须于患病畜禽死后立即进行，最好不超过 6 小时，夏季不超过 4 小时），应尽可能对多只死鸭进行剖检。

（3）剖检前应当用消毒药液将病鸭的尸体和剖检的台面完全浸湿。

（4）剖检过程应遵循从无菌到有菌的程序，对未经仔细检查且黏连的组织，不可随意切断，更不可将腹腔内的管状器官（如肠道）切断，造成其他器官的污染，给病原分离带来困难。

（5）剖检人员应认真地检查病变，切忌草率行事。如需进一步检查病原和病理变化，应取病料送检。

（6）在剖检中，如剖检人员不慎割破自己的皮肤，应立即停止工作，先用清水洗净，挤出污血，涂上药物，用纱布包扎或贴上创可贴；如剖检的液体溅入眼中时，应先用清水洗净，再用20%的硼酸冲洗。

（7）剖检后，所用的工作服、剖检的用具要清洗干净，消毒后保存。剖检人员应用肥皂或洗衣粉洗手，洗脸，并用75%的酒精消毒手部，再用清水洗净。

**（四）病理材料的采集**

若养殖者自己有条件进行病理检查，可自行检查，若无条件可送兽医检验部门等相关部门检查。

1. 病料采集的注意事项

（1）采集病料的时间：内脏病料的采取，须于患鸭死后立即进行，最好不超过6小时，夏季不超过4小时，否则时间过长，由肠内侵入其他细菌，致使尸体腐败，有碍于病原菌的检验。

（2）采集器械的消毒：刀、剪、镊子等用具可煮沸30分钟，最好用酒精擦拭，并在火焰上烧一下。器皿在高压灭菌器内或干烤箱内灭菌，或放于0.5%～1%的碳酸氢钠水中煮沸；软木塞或橡皮塞置于0.5%石炭酸溶液中煮沸10分钟。载玻片应在1%～2%的碳酸氢钠溶液中煮沸10～15分钟，水洗后，再用清洁纱布擦干，将其保存于酒精、乙醚等液体中。注射器和针头放于清洁水中煮沸30分钟即可。

（3）采集病料的所有工序必须是无菌操作：采取一种病料，使用一套器械。并将取下的材料分别置于灭菌的容器中，绝不可将多种病料或多头鸭的病料混放在一个容器内。

病变的检查应在病料采集后进行，以防所采的病料被污染，影响检查结果。

（4）需要采取的病料，应按疾病的种类适当选择：当难以估计是哪种传染病时，应采取有病变的脏器、组织。但心血、肺、脾、肝、肾、淋巴结等，不论有无肉眼可见病变，一般均应采取。

（5）病料采集后，如不能立即进行检验，应立即装入塑料袋内保存于4℃的冰箱中。

2. 病料的采集方法

（1）脓汁、渗出液：用灭菌注射器无菌抽取未破溃的脓肿深部的脓汁，置于灭菌的细玻璃管中，然后将两端熔封，用棉花包好放于试管中，亦可直接用注射器采取后，放入试管中，如开放的化脓灶或鼻腔，可用无菌的棉签浸蘸后放入灭菌试管中。也可直接用接种环经消毒的部位插入，提取病料直接接种在培养基上。

（2）淋巴结及内脏：将淋巴结、肺、肝、脾、肾等有病变的部位各采取1～2平方厘米的小方块，分别置于灭菌试管或平皿中。若为供病理组织切片的材料，应将典型病变部分及相连的健康组织一并切取，组织块的大小每边约2厘米，同时要避免使用金属容器，尤其是当病料供色素检查时，更应注意。此外，若有细菌分离条件，也可首先以烧红的铁片烫烙脏器的表面，用接种环（火焰灭菌后）自烫烙的部位插入组织中缓慢转动接种环，取少量组织或液体，做涂片镜检或接种在培养基上。培养基可根据不同情况而进行选择，一般常用鲜血琼脂平板、普通琼脂平板或营养琼脂平板培养等。

（3）血液：血液是动物新陈代谢必需营养物质输送和代谢产物排除的载体，也是信息传递的重要媒介，它保证了机体正常生命活动的进行。任何致病因子对机体的有害刺激，都可以造成血液成分的变化，因此，血液的检验在动物疾病的诊断中有着广泛的应用。

根据检验所需血液量的多少，可选择鸭的不同部位采血。微量血液的采取，可选择在胫部，方法是局部常规消毒，干燥后涂抹少量凡士林，用消毒的针尖扎刺，使血液自然流出，弃去开始的几滴血后取血检查，采血完毕后局部消毒并压迫止血；较多量血液则一般从翅内静脉采取，方法是选择翅内静脉不易滑动的部位，助手保定并在翅根压迫静脉，用连接针头的注射器刺入静脉抽血；若需更多量血液时，可采用心脏采血法，方法是左手从翅根部抓住两翅膀，使鸭腹部向上，另一手持连接针头的注射器从胸骨和两锁骨连接的凹陷处贴着胸骨柄稍偏向左侧以10°～20°角刺入3厘米左右即可抽出血液。

对死亡动物采取心血时，通常在右心室采血，先用烧红的铁片烫烙心肌表面，再用灭菌注射器在烫烙处插入，吸取血液，置于无菌试管中。

（4）胆汁：先用烧红的刀片或铁片烙烫胆囊的表面，再用灭菌吸管或注射器刺入胆囊内吸取胆汁，盛于灭菌试管中。也可直接用接种环经消毒的部位插入，提取病料直接接种在培养基上。

（5）肠：用烧红的刀片或铁片将欲采取的肠表面烙烫后穿一个小孔，持灭菌棉签插入肠内擦取肠道黏膜及其内容物，将棉花置于灭菌试管中，亦可将肠内容物直接放入容器内。亦可用线扎紧一段肠道（7～10 厘米）的两端，然后在两线端中间切断，放于灭菌容器中。采取后应急速送检，不得迟于 24 小时。

（6）皮肤：取大小约 10 厘米×10 厘米的皮肤一块，保存于 30%甘油缓冲液、10%的饱和盐水溶液、10%福尔马林溶液中，或不加保存液直接放在灭菌的密闭容器中。

（7）羽毛：应在病变明显部分采集，用刀将羽毛及其根部皮屑刮取少许放入灭菌试管中送检。

（8）脑、脊髓：如采取脑、脊髓做病毒检查，可将脑、脊髓浸入 50%甘油盐水液中或将整个头部割下，包入浸过 0.1%汞液的纱布或油布中，装入木箱或铁桶中送检。

3. 病料的保存

（1）直接保存于 4℃冰箱中。

（2）保存液保存：常用的有甘油盐水缓冲保存液，配比为甘油 300 毫升，氯化钠 4.2 克，磷酸氢二钾 1.0 克，0.02%酚红溶液 1.5 毫升，蒸馏水加至 1000 毫升。将这些配比成分混合于水中，加热溶化，校正 pH 值为 7.6，分装于试管中（约 7 毫升），15 磅压力下，灭菌 15 分钟，保存于冰箱中备用。

4. 病料的运送

（1）要附带病情记录：如发病鸭品种、性别、日龄，送检病料的数量和种类，检验的目的，死亡时间并附临床病例摘要等。

（2）装在试管和广口瓶中的病料密封后装在冰筒中送检，防止容器和试管翻倒。且送至检验部门的时间，应越快越好。

（3）运送整个尸体，用浸透适宜消毒液的布包好后，装入塑料袋中。

## 二、鸭的给药方法

药物种类繁多，有些药物需要通过固定的途径进入机体才能发挥作用。另外，一些药物，不同的给药途径，可以发挥不同的药理作用。因此，临床上应根据具体情况选择不同的给药方法。

### 1. 群体给药法

（1）饮水给药法：即将药物溶解于水中，让鸭自由饮水的同时将药液饮入体内。对易溶于水的药物，可直接将药物加入水中混合均匀即可。对难溶于水中的药物，可将药物加入少量水后加热，搅拌或加助溶剂，待其达到一定程度的溶解或全溶后，再混入全量饮水中，也可将其做悬液再混入饮水中。

（2）混饲给药：是鸭疾病防治经常使用的方法，将药物混合在饲料中搅拌均匀即可。但少量药物很难和大量的饲料混合均匀，可先将药物和一种饲料或一定量的配合饲料混合均匀，然后再和较大量的饲料混合搅拌，逐级增大混合的饲料量，直至最后混合搅拌均匀。

（3）气雾给药：是通过呼吸道吸入或作用于皮肤黏膜的一种给药法。由于鸭肺泡面积很大，并有丰富的毛细血管，用此法给药时，药物吸收快，药效出现迅速，不仅能起到局部作用，也能经肺部吸收后呈现全身作用。

2. 个体给药法

（1）口服法：指经人工从口投药，药物口服后经胃、肠道吸收而作用于全身或停留在胃、肠道发挥局部作用。对片剂、丸剂、粉剂，用左手食指伸入鸭的舌基部将舌拉出并与拇指配合固定在下腭上，右手将药物投入。对液体药液，用左手拇指和食指抓住冠和头部皮肤，使向后倒，当喙张开时，即用右手将药液滴入，令其咽下，反复进行，直到服完。也可用鸭的输导管，套上玻璃注射器，将喙拨开插入导管，将注射器中的药液推入食道。

（2）肌内注射法：常用于预防接种或药物治疗。肌内注射部位有翼根内侧肌肉、胸部肌肉及腿部外侧肌肉，尤以胸部肌肉为常用注射部位。

（3）气管内注入法：多用于寄生虫治疗时的用药。左手抓住鸭的双翅提取，使其头朝前方，右手持注射器，在鸭的右侧颈部旁，靠近右侧翅膀基部约 1 厘米处进针，针刺方向可由上向下直刺，也可向前下方斜刺，进针 0.5～1 厘米，即可推入药液。

（4）食道膨大部注入法：当鸭张喙困难，且急需用药时可采用此法。注射时，左手拿双翅并提举，使头朝前方，右手持注射器，在鸭的食道膨大部向前下方斜刺入针头，进针深度为 0.5～1 厘米，进针后推入药液即可。

3. 鸭用药注意事项

（1）应根据每种药物的适应证合理地选择药物，并根据所患疾病和所选药物自身的特点选用不同的给药方法。

（2）用药时用量应适当、疗程应充足、途径应正确。本着高效、方便、经济的原则，科学地用药。

（3）应充分利用联合用药的有利作用，避免各种配伍禁忌和不良反应的发生。

（4）应注意可能产生的机体耐药性和病原体抗药性，并通过药敏试验、轮换用药等手段加以克服。

（5）注意预防药物残留和蓄积中毒。长期使用的药物，应按疗程间隔使用，某些易引起残留的药物在鸭宰前15～20天内不宜使用，以免影响产品质量和危害人体健康。

（6）饮水给药，应确保药物完全溶解于水后再投喂，并应保证每只鸭都能饮到；拌料给药，应确保饲料的搅拌均匀。否则不仅影响效果，而且可能造成中毒。

（7）在使用药物期间，应注意观察鸭群的反应性。有良好效果的应坚持使用；应用后出现不良反应的，应立即停止用药；使用效果不佳的，应从适应证、耐药性、剂量、给药途径、病因诊断是否正确等多方面仔细分析原因，及时调整方案。

## 第三节　肉用鸭常见疾病的防治

1. 传染性浆膜炎

本病又称鸭疫巴氏杆菌病，是肉用鸭养殖业中的主要疾病，1～8周龄的鸭易感，尤以2～3周龄的小鸭最易感，由于高死亡率、体重下降以及淘汰，会造成很大经济损失。

【发病原因】病原为鸭疫巴氏杆菌病，为革兰阴性杆菌，血清型较多。

【临床症状】

（1）最急性型：常见不到任何明显症状而突然死亡。

（2）急性型：病初表现眼流出浆液性或黏性的分泌物，常使眼周围羽毛黏连或脱落。鼻孔流出浆液或黏液性分泌物，有时分泌物干涸，堵塞鼻孔。轻度咳嗽和打喷嚏。粪便稀薄呈绿色或黄绿色。嗜睡，缩颈或嘴抵地面，腿软，不愿走动、步态蹒跚。濒死前出现神经系统症状，如痉挛、背脖、两腿伸直呈角弓反张状，尾部摇摆等，不久抽搐而死，病程一般 2～3 天。

（3）慢性型：多见于日龄较大的小鸭，病程 1 周以上。病鸭表现精神沉郁，少食，共济失调，痉挛性点头运动、前仰后翻、翻转后仰卧、不易翻起等症状。少数鸭出现头颈歪斜，遇惊扰时不断鸣叫和转圈、倒退等，而安静时头颈稍弯曲，尤如正常，因采食困难，逐渐消瘦而死亡。

【病理变化】特征性病理变化是浆膜面上有纤维素性炎性渗出物，以心包膜、肝被膜和气囊壁的炎症为主。气囊混浊增厚，气囊壁上附有纤维素性渗出物。脾脏肿大或肿大不明显，表面附有纤维素性薄膜，有的病例脾脏明显肿大，呈红灰色斑驳状。脑膜及脑实质血管扩张、淤血。慢性病例常见胫跖关节及跗关节肿胀，切开见关节液增多。少数输卵管内有干酪样渗出物。

【诊断】根据流行病学、临床症状、病理变化进行综合分析，可以做出初步诊断。如果要进行确诊，可采取镜检和细菌培养等实验室手段，在细菌分离培养时，可用血液培养基培养再接种到鉴别培养基上进行鉴定。

【治疗方法】

（1）一旦发生本病，庆大霉素按 4000～8000 单位/千克体重肌注，每天 1～2 次，连用 2～3 天；利高霉素按药物有效成分0.044%拌料口服3～5天；复方敌菌净0.04%比例拌料口服4～6天；磺胺喹沙啉按0.1%～0.2%比例拌料口服3天，停药2天后再喂3天；青霉素、链霉素肌内注射，雏鸭各0.5万～1万单位，中幼鸭各4万～8万单位。注意四环素对本病无效。

（2）最有效的治疗措施是单独肌内注射链霉素和双氢链霉素，剂量为每一种药物83毫克。在发病前期或疾病的极早期，利用三甲氧苄氨嘧啶-磺胺嘧啶（8%/40%）联合饮水给药亦能取得较为满意的效果。方法是每4升饮水加入1毫升，给药3～5天。治疗用药也可用林肯霉素和壮观霉素联合肌注或青链霉素联合肌注。青链霉素剂量为每千克体重各2万～4万单位，每天2次，连用3天。还可肌注2.5%海达注射液，每千克体重0.5毫升，每天2次，连用3天。

【防治措施】

（1）合理的饲养管理可以有效地预防本病，特别是注意环境污染和应激。饲料中混饲磺胺喹恶啉（$125\times10^{-6}$）效果很好。还可使用泰维露，每50千克清水中加入泰维露100克，让小鸭自由饮用3～5天。

（2）接种鸭疫巴氏杆菌疫苗，7～10日龄时注射1次，20～25日龄再注射1次，保护率可达90%以上。

（3）发病的鸭场，应采取综合防治措施，消除和切断传染源，达到控制和预防本病的目的。可用抗毒威带鸭消毒，每2周带鸭消毒1次。烧毁死鸭，隔离发病鸭群，以制止疾病传播。鸭舍经彻底清洁消毒后，空闲2～4周方能使用。不同年龄的鸭群应分开饲养。

(4) 平时应加强鸭舍通风、干燥、防寒及清洁卫生工作。鸭疫巴氏杆菌灭活苗或与大肠杆菌混合灭活苗接种7～10日龄雏鸭，可预防本病。

2. 大肠杆菌病

大肠杆菌病可侵害各种日龄的鸭，是鸭的常发病。

【发病原因】大肠杆菌病是由埃希氏大肠杆菌引起的侵害多种家禽和动物的一种常见病。

【临床症状】新出壳的雏鸭发病后，体弱，闭眼缩颈，常出现腹泻，多因败血病死亡。较大的雏鸭子病后，精神委顿，食欲减退，隅立一旁，缩颈嗜睡，两眼和鼻孔处常附有黏液性分泌物，有的病鸭排出灰绿色粪便，呼吸困难，常因败血症或体弱、脱水死亡。

【病理变化】肝脏肿大，呈青铜色或胆汁状的铜绿色。脾脏肿大，全身浆膜呈急性渗出性炎症，心包、肝被膜表面附有黄白色纤维性渗出物，腹水为淡黄色。肠道呈卡他性或坏死性炎症，有些雏鸭卵黄吸收不全。

【诊断】根据流行特点、临床症状和病理剖检可初步诊断，确诊需进行细菌培养和分离。

【治疗方法】应选择敏感药物在发病日龄前1～2天进行预防性投药，或发病后作紧急治疗。

(1) 抗生素：氨苄青霉素按0.2克/升饮水或按5～10毫克/千克拌料内服；阿莫西林按0.2克/升饮水；庆大霉素2万～4万微克/升饮水；土霉素类按0.1%～0.6%拌饲或0.04%饮水，连用3～5天。

(2) 合成抗菌药：磺胺嘧啶0.2%拌饲，0.1%～0.2%饮水，连用3天；磺胺喹恶啉0.05%～0.1%拌饲，

0.025%～0.05%饮水，连用2～3天，停2天，再用3天。

【防治措施】

（1）搞好禽舍空气净化：降低鸭舍内氨气等有害气体的产生和积聚是养鸭场必须采取的一项非常重要的措施。

①药物喷雾：用0.3%过氧乙酸，按30毫升/立方米喷雾，每周1～2次，对发病鸭舍每天1～2次；在25平方米垫料中加入4.5千克多聚甲醛，它可和空气中的氨中和，氨浓度很快下降，但21天后又回升到原来水平，因此应重新使用。

②及时清粪，并堆积密封发酵，及时通风换气。

③重视环境治理，饲养场地绿化，种草植树。

（2）防止水源和饲料污染：可使用颗粒饲料，饮水中加消毒剂，如含氯或含碘消毒剂；水槽、料槽每天应清洗消毒。

### 3. 沙门氏菌病

鸭沙门氏菌病又叫鸭副伤寒，是由多种沙门杆菌引起的疾病的总称。

【发病原因】病原为沙门杆菌属的多种细菌，有6～7种，最主要的是鼠伤寒沙门氏菌。

【临床症状】本病潜伏期一般为10～20小时，少数潜伏期长。其症状分急性、慢性和隐性3种类型。

（1）急性：常发生在3周龄以内的雏鸭。感染的雏鸭精神不振，不思饮食，两翅下垂，缩颈呆立，不愿活动，两眼流泪或有黏性分泌物。常见腹泻、颤抖和共济失调，最后常因抽搐、角弓反张而死，病程一般1～5天。

（2）慢性：常发生在1月龄左右的雏鸭中，表现为精神萎靡，食欲不振，粪便软稀，严重时下痢带血，逐渐消瘦，羽毛松乱，也有喘气、关节肿胀、跛行等症状。通常死亡率不高，只有在其他细菌继发感染情况下，才呈现较高死亡率。

（3）隐性：不表现临床症状，但其粪便中带菌，能导致本病流行。

【病理变化】最急性暴发可能看不到病变，病程稍长者，消瘦、失水、卵黄囊吸收不良。肝脏肿大，呈青铜色，有灰色坏死灶，气囊轻微浑浊，有黄色纤维蛋白样斑点，盲肠扩张，内含干酪样物质，直肠肿大、出血。心包、心外膜及心肌发生炎症。

【诊断】本病主要靠实验室诊断、分离和鉴定病原菌。

【治疗方法】

（1）每只鸭口服氯霉素 10 毫克，每天 2 次或每千克饲料 2 克拌料喂给。

（2）青霉素 1 万单位滴服，每天 2 次。

【防治措施】

（1）各种工具、设备定期消毒，注意灭鼠灭蚊蝇，饲料、饮水要消毒，防止雏鸭感染。

（2）加强饲养管理，防寒防暑防潮通风，常换垫草。

4. 曲霉菌病

本病又称为曲霉菌肺炎，主要侵害呼吸器官的急性传染病。本病常在雏鸭中暴发，发病率和死亡率均较高。

【发病原因】主要是由烟曲霉等真菌引起的鸭呼吸道传染病。

【临床症状】潜伏期为 3～10 天。病初见雏鸭精神不振，眼半闭，羽毛松乱无光，食欲减退或废绝，随着病情发展，病鸭气喘、呼吸困难、加快，胸膜部明显扇动，渴欲增加，嗜睡，常呆立或伏卧在地喘气，口腔和鼻腔常流出浆液性分泌物，粪便稀薄，呈白色或绿色，急剧消瘦直至死亡。

【病理变化】剖检病死鸭，主要病变在肺和气囊，肺充血、切面流出红色泡沫液，肺实质中有大量大头针帽或小米粒大小的灰黄色结节，有的在胸部气囊也可见，病程稍长的鸭肺部结节融合成更大的黄白干酪样结节，结节切面呈明显的层状结构，气囊增厚、混浊，肝脏轻度肿大，肠黏膜充血，有的可见腹膜炎。

【诊断】根据症状、流行病学情况、剖检病变及有无发霉的垫料和饲料可做出初步诊断。确诊需查到霉菌，取病变结节或病斑，显微镜下看到菌丝或培养出丝绒状菌落。

【治疗方法】此病目前还没有特效治疗办法，重在预防，特别要注意鸭舍的通风和防潮湿。

（1）碘化钾，每1000毫升饮水中加碘化钾5～10克，连用3～5天。

（2）硫酸铜，按1∶3000硫酸铜溶液饮水，连用3～5天。

（3）2%金霉素溶液，每天注射3次，每次2毫升，连用3天。

（4）制霉菌有一定疗效，可按5000～8000单位/只雏鸭和2万～4万单位/只成年鸭口服，一日2次。

（5）连用3～5天或克霉唑按0.01克/只雏鸭混料。

（6）口服灰黄霉素，每只鸭500毫克，每天2次，连服4天。

【防治措施】

（1）搞好环境卫生，及时清理鸭粪，更换垫料，不垫发霉的垫料。

（2）加强饲料贮存和保管工作，不喂已霉变的饲料。

（3）鸭舍、饲槽、饮水器等器具要定期消毒。

（4）喂料时要少喂勤添，避免料槽中饲料积压。

（5）如果鸭群已被污染发病，病鸭要及时隔离，清除垫料和更换饲料，鸭舍要彻底消毒。

5. 鸭病毒性肝炎

鸭病毒性肝炎是由鸭病毒性肝炎病毒引起雏鸭的一种急性、烈性和致死性传染病。在自然条件下，鸭病毒性肝炎只发生于雏鸭。

【发病原因】本病主要经消化道和呼吸道传播。暴发本病的鸭场多是从疫区或发病鸭场购入带病的雏鸭传染所致。此外，人员流动如饲养员窜圈，外场人员参观，卫生检查人员的窜场走动，收购病残鸭的小贩等都可能成为传播本病的重要途径。车辆往来，用具和垫草不经消毒处理反复使用，在场内乱扔病死鸭等，也常是传播本病的重要方式。

【临床症状】病鸭精神委顿，体质衰弱，食欲废绝，缩颈，翅下垂，呆立瞌睡，强行驱赶则行走迟缓。不久，病鸭出现神经症状，运动失调，身体歪向一侧，全身抽搐，头向后仰，背部着地，转圈下蹲，两脚痉挛性踢蹬，呈角弓反张姿势，常在出现神经症状数小时或数分钟后死亡。死后喙端和爪尖淤血，呈暗紫色，少数病雏死前出现腹泻，排黄白色或绿色稀粪。

【病理变化】剖检病死鸭，特征性病变在肝脏。所有剖检病例肝脏均肿大、质脆，肝脏表面有大小不等的出血斑点，色暗淡或发黄，呈斑驳状，有的肝脏呈土黄色或红黄色；胆囊肿大，充满胆汁，胆汁草青色或淡红色；脾脏肿大，呈斑驳状花纹样；大多数病例肾脏肿胀，呈树枝状充血；胰脏充血呈粉红色；心肌质软，脑充血及软化。

【诊断】根据本病发病急，传播迅速，病程短；3周龄内死亡率高；病鸭有明显的神经症状；病变主要表现为肝脏的变性和出血，通过这些特点可做出初步诊断。

确诊可用病毒分离物接种1～7日龄的敏感雏鸭。复制出该病的典型症状与病变，而接种同一日龄的具有鸭病毒性肝炎母源抗体的雏鸭，则有80％～100％的保护率，即可确诊。将病鸭肝细胞悬液或血液无菌处理后，接种9日龄鸭胚，根据所出现的鸭胚特征性病变也可确诊。也可利用直接荧光技术在自然例病或接种鸭胚的肝脏进行快速准确诊断。

【治疗方法】鸭群发病后立即与其他假定健康鸭群严格隔离，并实行专人管理，禁止无关人员进入或接近，以避免病情进一步向周围扩散。饲养人员出入养殖场要严格遵守消毒制度，淘汰的病重鸭与死鸭，要经过焚烧或在远离水源的地方深埋处理。污染的垫料、粪便和饲料用具等未经消毒处理不能随便运出场外。对发病鸭场的周围环境，用过氧乙酸进行喷雾消毒，每天1次，直至鸭群出栏。对发病鸭群，用百毒杀带鸭消毒，每天1次，直至病情完全康复，带鸭消毒时要预先提高育雏室的温度2～3℃，以避免应激而造成鸭群病情加重。

（1）对发病初期死亡较少的鸭群，立即逐只注射鸭病毒性肝炎高免血清，每只0.5毫升，对有发病症状的鸭只，可注射 0.8 毫升；没有高免血清时，可注射高免蛋黄抗体，根据体重分别注射 1～2 毫升。在注射血清和蛋黄抗体的同时，应用 1 瓶禽用白细胞干扰素溶于 10 升干净饮用水，供500～1000 只鸭饮用，每天 3 次，连用 3～5 天。

（2）对发病鸭群，用雏鸭病毒性肝炎高免蛋黄液皮下或肌内注射每只 0.5～1 毫升，一般 2～3 天内可控制病情，为避免针头接种性传染，要做到一只一个针头注射。

（3）0.01%病毒唑、0.01%恩诺沙星饮水，同时饮水中加入倍量电解多维，连用 3～5 天。

【防治措施】

（1）加强饲养管理，建立严格的卫生消毒制度。实践证明，暴发本病的鸭场多是由于从疫区或发病鸭场购入带病的雏鸭所致。因此应严禁从发病鸭场或孵化房购买雏鸭，严禁场外人员不经消毒进场或窜圈，育雏室门前设消毒池，严格按卫生消毒要求处理病死鸭等。进雏前与饲养过程中应建立完善的卫生消毒制度，确保饲养环境卫生洁净。

（2）提高防疫意识，进行特异性预防。进雏前应了解种鸭场对该病的免疫情况。若母鸭免疫确实，其雏鸭母源抗体可维持 1 周左右时间，基本可度过易感危险期。如果饲养环境卫生状况较差，提倡在 7 日龄进行鸭肝炎疫苗的主动免疫。若母鸭未经免疫，雏鸭应于 1 日龄主动免疫疫苗。一旦小鸭发生本病，应迅速注射卵黄抗体，可迅速有效降低死亡率和防止流行。亦可用卵黄抗体进行被动免疫预防，一次免疫有效期为 5～7 天。

### 6. 细小病毒病

本病是由细小病毒引起的一种急性、败血性的传染病，主要侵害1～3周龄的雏鸭，特别多见于10～18日龄雏鸭。

【发病原因】本病是由细小病毒引起的一种高度传染和致死性的疾病。

【临床症状】发病鸭普遍出现下痢、口吐黏液、采食量减少等症状，个别鸭出现转脖、抽搐的情况。日龄较大一般没有神经症状，发病鸭表现为下痢、采食量减少。

【病理变化】胰脏表面有大量的白色坏死点或出血，肠道黏膜有不同程度的充血和出血，十二指肠和直肠后段黏膜出血更甚，胆囊肿胀、充满胆汁。

【诊断】根据临床症状、感染鸭的日龄、剖检和组织病理学变化可做出初步诊断，确诊必须分离和鉴定病毒。

【治疗方法】当雏鸭发生本病时，应及时采用雏鸭高免卵黄抗体或高免血清做治疗，肌注，1～1.5毫升/只，同时在饲料中添加适量抗菌药物，如每天速百治10～15毫克/只，或每天丁胺卡那霉素1万～2万单位/只，连用2～3天。同时应给病鸭饲料中添加适量鱼肝油和禽生长素，以防止病鸭发生骨质松软等后遗症。

【防治措施】雏鸭在1～2日龄内注射小鹅瘟弱毒疫苗，每只一头份。

7. 鸭瘟

本病又名鸭病毒性肠炎，俗称“大头瘟”，是由鸭瘟病毒引起的一种高死亡率的急性、热性传染病。本病对不同品种、日龄及性别的鸭均可感染，在秋季和污染地区最易发生和流行。

【发病原因】鸭瘟是由疱疹病毒引起的一种急性、高度传染性疾病，各种年龄和品种的鸭均可感染，但在鸭瘟流行时，1月龄以下的小鸭发病较少。本病一年四季均可发生，但以春夏之交和秋季最易流行。本病的主要传染方式是消化道感染，也可通过滴鼻、泄殖腔、注射及某些吸血昆虫等引起发病，从而造成疫病流行。

【临床症状】潜伏期一般为2～4天，病鸭初期表现精神萎靡，头颈缩起，呼吸困难，常伴有湿性啰音，食欲降低，渴欲增加；两肢发软，步态蹒跚，经常卧地，难于走动，驱赶时两翅扑地而走；眼四周湿润、怕光、流泪，有的因附有脓性分泌物而两眼黏合；鼻孔内流浆液性或黏液性分泌物；部分病鸭头颈部肿胀；体温急剧升高达43～44℃，呈稽留热型；病鸭下痢、排绿色稀便，有时为灰白色，肛门周围羽毛被污染，常附有稀粪结块。后期，病鸭体温下降，体质衰竭，不久死亡。

【病理变化】剖检病变主要在消化道，即口腔咽喉头周围可能有坏死灶，食道内有条纹状溃疡，泄殖腔黏膜有出血或溃疡，小肠有出血环，心脏有出血点，肝脏微肿胀、淤血和出血斑点。

【诊断】根据症状、剖检和组织病理学变化可做出初步诊断，确诊需分离和鉴定病毒。

【治疗方法】

（1）一旦发生疫情，立即向当地动物防疫监督机构上报疫情，按法定要求采取封锁、隔离、焚尸、消毒等综合措施扑灭疫情。患疫场舍等也可用3%热氢氧化钠液或菌毒特1∶100热水稀释后喷洒消毒。对疫区或威胁区内的健康鸭群或疑似感染群，应立即使用鸭瘟鸭胚弱毒苗等接种，1～2头份/只。

（2）早期治疗可取抗鸭瘟高免血清，肌注0.5毫升/只，有一定疗效；也可肌注聚肌胞，0.5～1毫升/只，每3天1次，连用2～3次。有的用盐酸吗啉胍可溶性粉或恩诺沙星可溶性粉，按2克/升拌水混饮，每天1～2次，连用3～5天。

（3）清瘟败毒散＋蜂胶疫苗，一般3～5天即可治愈。

【防治措施】

（1）严格做好各环节预防检疫及消毒工作，日常定期用10％石灰乳或5％漂白粉液消毒场舍等。

（2）加强饲养管理，提高鸭群健康水平，适当添喂多维，增强机体免疫力。鸭瘟弱毒冻干苗，雏鸭按每只2毫升加水拌入饲料内，早餐空腹一次喂给。

（3）发生鸭瘟流行时，应仔细检查，及早剔出病鸭，隔离可疑病鸭，健康鸭群另行隔离饲养，用10％～20％生石灰水或热草木灰水，对鸭棚、场地、工具等进行消毒，对健康鸭进行紧急疫苗接种。

8. 鸭霍乱

本病是由禽型多杀性巴氏杆菌引起的一种急性败血性传染病，秋季易发，对养鸭业的危害严重。

【发病原因】鸭霍乱是由多杀性巴氏杆菌引起的一种家禽和野禽的接触性传染性、败血性疾病。本病是养鸭业最为主要的疾病之一，出现气温较高，多雨潮湿，天气骤变，饲养管理不良等多种因素，都可促进本病的发生和流行。各种日龄的鸭群均可因接触病禽污染的场地、饲料、饮水、运输工具及往来人员等而感染发病，但以30日龄内的雏鸭发病率和死亡率最高。

【临床症状】3 周龄以上小鸭对本病高度敏感，小鸭常发生急性和最急性霍乱。小鸭发病后常见死亡，病鸭精神委顿，口腔流出绿色的黏液性分泌物和发生腹泻。患慢性型的鸭表现为呼吸困难和腹泻。

【病理变化】病变为典型的败血症。心脏、肠系膜和腹部脂肪有小出血点，肝肿胀、质脆，在发病早期有出血现象，然后在肝脏表面见有白色针尖大小的凝固性坏死病灶。脾脏呈花斑状且质脆。气囊无病变，但肺有时有出血和发硬，慢性病例产生化脓性和局灶性病变。

【诊断】根据临床症状和病理变化能做出诊断，但确诊则必须分离和进行细菌鉴定。

【治疗方法】

（1）本病治疗选用磺胺类和抗生素类药物效果较好，尤以肌注＋拌料（饮水）效果明显。如青霉素钠盐用复方氨基比林液稀释后，肌注 1 万～2 万单位/只，每天 1 次，连用 3 天；同时取土霉素粉按 60～250 毫克/升拌水混饮，连喂 5～7天。

（2）肌注链霉素 5 万～10 万单位/只，磺胺二甲基嘧啶按 0.1％拌水混饮，或按 0.5％拌料混饲病鸭群。

（3）肌注强效阿莫仙 20～50 毫克/只，每天 1 次。

（4）双黄连口服液按 2.5 毫升/升拌水混饮，连用 3～5 天。

【防治措施】

（1）日常加强饲养管理和防疫消毒工作，严防外来畜禽及鸟等入场。不从疫区引进雏鸭。一旦发生疫情，要及时上报并按法定要求做好扑疫工作。消毒灭疫可用 0.5％优安净、0.5%漂白粉、0.3%过氧乙酸等。

(2) 常发病地区或疑发病地区，可组织健康鸭群接种禽霍乱菌苗。

9. 禽流感

禽流感是一种世界范围的禽类传染病，近年来鸭的发病率逐年增高，曾给养鸭生产造成巨大损失。

【发病原因】最近几年引起鸭发病的主要是H5N1亚型。本病主要是通过密切接触传播，一年四季均可发生，但在寒冷、交替变化的季节多发。各种日龄均可感染。雏鸭的发病率可达100%，死亡率可达95%以上。

【临床症状】发病时鸭群中先有几只出现症状，1～2天后波及全群，病程3～15天。病仔鸭废食，离群，羽毛松乱，呼吸困难，眼眶湿润；下痢，排绿色粪便，出现跛行、扭颈等神经症状；干脚脱水，头冠部、颈部明显肿胀，眼睑、结膜充血出血，舌头出血。

【病理变化】大多数患鸭皮肤毛孔充血、出血，全身皮下和脂肪出血。头肿大的患鸭下颌部皮下水肿，呈淡黄色或淡绿色胶样液体。眼结膜出血，瞬膜充血、出血。颈上部皮肤和肌肉出血，鼻腔黏膜水肿、充血、出血，腔内充满血样黏液性分泌物，喉头黏膜不同程度出血，大多数病例有绿豆至黄豆大凝血块，气管黏膜有点状出血。脑壳和脑膜严重出血，脑组织充血、出血。胸腺水肿，或萎缩出血。脾脏稍肿大，淤血、出血，呈三角形。肝脏肿大，淤血、出血。部分病例肝小叶间质增宽，肾脏稍肿大充血，胰腺有出血斑和坏死灶或液化状，胸壁有淡黄色胶样物，腺胃黏性分泌物多。部分病例黏膜出血，腺胃与肌胃交界处有出血带，肠局灶性出血斑或出血块，黏膜有出血性溃疡病灶，直肠后端黏膜出血。多数病例心肌有灰白色坏死灶，心内膜出血斑。肺淤血、出血。

【诊断】当小鸭群中迅速出现鼻炎、窦炎等呼吸道炎性症状时，就应考虑到禽流感。仅从上述临床症状，很难与其他出现呼吸道症状的疾病相鉴别，因此，必须依靠实验室诊断进行确诊。

【治疗方法】一旦发生疫情，要立即上报，在动物防疫监督机构的指导下按法定要求采取封锁、隔离、深埋、消毒等综合措施扑灭疫情。消毒可用5%甲酚、4%氢氧化钠、0.2%过氧乙酸等消毒药液。对疫区或威胁区内的健康鸭群或疑似感染群，应使用农业部指定的禽流感灭活苗紧急接种。

（1）经多个病例用药治疗，感毒清（50 千克料 /500 克）＋奇强（100 千克水/100 克）饮水，清瘟败毒散（100 千克料/ 袋）拌料有明显效果。

（2）经多个病例用药治疗，强效感康（125 千克水/瓶）＋征宇消刻（200 千克水/袋）或强效感康＋征宇肠泰（100 千克水/瓶）饮水，清瘟败毒散（30 千克料/袋）拌料有明显效果。将全天饮水量集中于上、下午 2 次饮水，每次饮水 2～3 小时，每天用洁王带鸭喷雾消毒，用药 3 天后，鸭群精神好转，采食、饮水量明显升高。待鸭采食饮水、精神恢复正常时用健鸡增蛋散（125 千克料/袋）＋21 维他王（250 千克料/50 克）拌料，征宇消刻＋电解多维＋超浓缩鱼肝油饮水，产蛋可逐渐上升到 80%以上。

（3）每天每 1000 只病鸭使用喘毒必治 2 瓶（每瓶 100

克)、双黄连口服液5瓶（每瓶100毫升)、黄芪金丝1袋（每袋100克)、病毒威3袋（每袋100克)、感康3袋（每袋100克)、浆炎速康2袋半（每袋100克）共同混水1500毫升。早晨喂食前每只病鸭用无针头注射器灌服2～3毫升，每天灌服1次也有明显效果。

【防治措施】控制本病的传入是关键，应坚持“全进全出”的饲养方式，平时加强消毒，做好一般疫病的免疫，以提高鸭的抵抗力。

（1）严禁从疫区或发病禽场引种。

（2）对禽舍内、外环境加强消毒。消毒剂两种以上交替使用，如含氯类、季铵盐类、碘制剂、火碱等消毒剂。

（3）严格控制进入禽场的人员、车辆和物品，彻底消毒后方允许进入禽场。饲养员更换鞋帽，消毒后才能进入禽舍，要经常灭鼠、蚊、蝇，阻止飞鸟和昆虫进入禽舍。

（4）鸭群发病后，要及时上报有关部门，按照A类疾病的处理措施进行，封锁发病鸭场或鸭舍，人员、用具和饲料要隔离，不能串舍或混用，病鸭要隔离或淘汰，死亡鸭及其粪便、分泌物进行焚烧或深埋。并对未发病鸭群紧急免疫接种。

（5）做好免疫工作，增强鸭的特异性抵抗力：目前，鸭的流感是由禽流感病毒特定亚型引起，必须用含特定型的禽流感油乳剂灭活苗免疫才有效。青岛易邦公司生产的水禽流感油乳剂灭活苗含有当前流行毒株，对目前流行的鸭的流感有很好地预防效果。

①免疫方法：禽流感灭活苗分肌内注射和皮下注射。小日龄的采取皮下注射，大日龄的采取肌内或皮下注射。

②免疫程序：禽流感免疫程序的制定和实施受许多因素的影响，除疫苗外，还与免疫方法、母源抗体水平、疫情流行情况、饲养方式及管理水平和应激状态、技术条件等因素有关。

③免疫剂量：应根据环境污染程度和鸭的体重来确定。一般 2 千克以下注射 0.8～0.8 毫升，2 千克以上注射 1～1.5 毫升。

10. 冠状病毒性肠炎

鸭冠状病毒性肠炎俗称烂嘴壳，是由冠状病毒属的鸭肠炎病毒引起的以剧烈腹泻为特征的急性传染病。

【发病原因】病原主要随传染源的排泄物向外界排出，以水平传播的方式传播。20 日龄前后鸭的发病率最高，甚至凶猛暴发流行。开始少数发病，1～2 天后出现死亡高峰，发病率和死亡率几乎是 100%。

【临床症状】发病急，病雏缩头凸背，畏寒，眼半闭。开始排稀粪，进而腹泻，粪呈白色或黄绿色。喙壳由黄变紫，喙上皮脱落破溃。眼有黏液性分泌物，有的表现神经症状，两脚后蹬、直伸，头向后弯曲，呈观星状，稍加驱逐可促进死亡。

【病理变化】病鸭咽喉黏膜呈卡他性炎症，黏膜易脱落，整个肠管充血、水肿。尤以十二指肠为严重，十二指肠及肠系膜出血，外观呈紫红色，内有血性黏液，黏膜脱落，并形成溃疡。盲肠盲端黏膜有白色附着物。

【诊断】临床症状和病理变化只能作为诊断的参考依据，通过接种鸭胚或 1～4 日龄雏鸭，检查其感染性。采用免疫电镜，病毒中和实验，直接荧光抗体等方法进行确诊。

【治疗方法】目前对本病尚无特效治疗药物，可采用河欣大抗毒或河欣毒康注射控制继发感染，可降低死亡率，减少经济损失。

【防治措施】10日龄时给予高免抗体，对预防本病有明显效果。

11. 鸭葡萄球菌病

本病是鸭场的一种常见的细菌性疾病，往往能造成很大的经济损失。

【发病原因】由金黄色葡萄球菌引起鸭等多种家禽的一种环境传染病。

【临床症状】本病临床表现可分为4种类型：

（1）脐炎型：本菌是造成幼雏脐炎的常见菌之一，症状同于其他脐炎。

（2）关节炎型：多见于1～2周龄幼鸭。病鸭趾关节和跗关节肿大，触之有热痛和波动感，跛行，行动不便，取食困难，逐渐消瘦衰竭死亡。

（3）皮肤型：常见于2～8周龄鸭。病鸭因皮肤破损而发生局部感染，见有皮下水肿，有炎性渗出，幼鸭易发生急死。

（4）败血型：多见于2周龄内雏鸭，常为皮肤型发展而来，呈急性败血症死亡。

【病理变化】

（1）脐炎型病死雏鸭，脐部坏死，卵黄吸收不良、稀薄如水。

（2）皮肤型病鸭，皮下有出血性胶冻样浸润，胶冻液呈黄棕色或棕褐色，有的病例也有坏死性病变。

（3）关节炎型病鸭，在关节囊内或滑液囊内有浆液性或纤维素性渗出物；病程稍长的病鸭关节囊内有干酪样坏死物质。

（4）内脏型病死鸭，肝脏肿胀、质地较硬、表面呈黄绿色，脾脏稍肿，泄殖腔黏膜有时可见坏死性溃疡灶，腹腔内有腹水和纤维素性渗出物。

【诊断】根据症状、剖检变化可初步怀疑为本病，经病原学检查确定为葡萄球菌可确诊。

【治疗方法】根据药敏试验，敏感药物有庆大霉素、红霉素和卡那霉素等。

（1）庆大霉素注射液，每只雏鸭用量2000～4000单位，每日肌内注射1次，连续治疗2～3天。注射时用生理盐水稀释2～4倍。

（2）卡那霉素注射液，每只雏鸭用量5000～8000单位，每日肌内注射1次，连续治疗2～3天。注射时用生理盐水稀释2～4倍。

（3）红霉素粉剂，每只雏鸭10～15毫克，拌入饲料内服用，每日2次，连用3～5天。

【防治措施】由于葡萄球菌病是一种条件性疾病，其发生与饲养管理、环境卫生、气候、外伤等多因素相关，应采取综合预防措施。

（1）平时应注意鸭舍通风，保持舍内和运动场的清洁，避免拥挤，光照适当，饲料中要有足够的维生素和矿物质。

（2）注意避免各种可以导致皮肤损伤的各种条件存在，如运动场上不能有碎石、碎玻璃等杂物，免疫操作应注意消毒等。

（3）鸭舍、运动场、用具应定期消毒。

（4）由于葡萄球菌的血清型较多，本病的免疫预防宜采用当地分离的致病性强的菌株制成单价或多价苗。目前较为常用的是葡萄球菌灭活苗，使用后有较好的保护力。

12. 鸭链球菌病

鸭链球菌病是由链球菌引起的急性传染病，又叫做鸭链球菌感染，主要引起雏鸭的急性死亡。虽然在鸭群中并不常见，但是一旦发生，损失也是惨重的，应当引起养鸭者的足够重视。

【发病原因】引起鸭链球菌病的病原菌主要为粪链球菌。

【临床症状】急性病例体温升高，昏睡或抽搐，发绀，头部有出血，并出现下痢，死亡率较高。慢性病例精神不振，嗜睡冷漠，食欲减少或废绝，羽毛蓬乱无光泽，怕冷，头藏翅下，呼吸困难，冠及肉髯苍白，持续性下痢，体况消瘦，产卵量下降。濒死鸭出现痉挛或角弓反张等症状。病程稍长的出现跛行或站立不稳，蹲伏，消瘦，有的出现下痢、眼炎或痉挛、麻痹等神经症状。

【病理变化】以败血症变化为主，皮下及全身浆膜、肌肉水肿出血。心包及腹腔内有浆液性出血性或浆液纤维素性渗出物，心外膜有出血。肺脏发炎并充血出血。脾肿大，充血。肾肿大，充血，尿酸盐沉积。肝肿大、淡黄色，脂肪变性，并见有坏死灶。肠壁肥厚，时而见有出血性肠炎。有的病例在气管、喉头黏膜可见到出血点和坏死灶，表面有黏性分泌物，有的发生气囊炎，气囊浑浊，增厚。病程长的出现纤维素性关节炎、卵黄性腹膜炎和纤维素性心包炎，肝、脾、心肌等实质器官出现变性、坏死病灶。

【诊断】根据临床症状可初诊，但要确诊需根据病理变化及实验室检查。

【治疗方法】在应用以下药物治疗的同时，用0.01%的百毒杀对鸭舍、场地等环境进行消毒，连用3～5天。

（1）对发病鸭用庆大霉素1万单位/只饮水，每日2次，同时口服补液盐，连用3～5天。

（2）重症病鸭肌注庆大霉素按2000单位/只，每日2次。

（3）复方新诺明，可按0.04%的比例拌料饲喂，即每50千克饲料中加入20克复方新诺明，连续用药3天，一般可见效。

（4）新生霉素拌料（0.0386%），即每50千克饲料中拌20克药，喂3～5天可有效地控制病鸭死亡。

【防治措施】

（1）加强饲养管理，尽量减少应激的发生，如气候变化，温度降低，环境污秽不卫生，阴暗潮湿，空气混浊，饲养密度过大和体况低下等，以提高鸭群对病原菌的抵抗力；搞好卫生防疫工作，保持场舍和环境的清洁卫生，健全消毒制度，消灭可能存在的病原菌。

（2）定期投服药物预防，可通过药敏试验选择几种高敏药物交替使用，以免细菌产生耐药性。

13. 鸭传染性窦炎

鸭传染性窦炎又名鸭慢性呼吸道病，本病常在春季和冬季多发。以5～15日龄雏鸭最易感，30日龄以上鸭少见发病。传染途径为接触传染，通过被污染的空气经呼吸道感染。

【发病原因】由鸭霉形体引起的雏鸭传染病，革兰氏阴性，常与流行性感冒并发。由于管理不当，营养缺乏，气温突变，通风不良及密度过大，均可诱使本病发生。发病率为40%～60%，死亡率很低。

【临床症状】病初打喷嚏，鼻孔排出浆液分泌物，后为黏性或脓性渗出物，在鼻孔周围结痂，形成铬铁矿样物。表现难受不安，摇头，张口呼吸，咳嗽。眼结膜潮红，流泪，少数失明。重病鸭一侧或两侧眶下窦积液，肿胀，呈球形或卵圆形。减食或不食，精神欠佳，生长缓慢，肉用鸭育肥迟缓，品质低下。可自愈或衰弱窒息而死。

【病理变化】眼结膜炎，鼻腔、喉、气管等上呼吸道黏膜有炎症，有分泌物附着，气囊增厚、水肿、混浊。眶下窦有浆液、黏性分泌物或干酪样物，窦黏膜肥厚，淤血、水肿。肺有不同程度的充血、淤血，颜色似肝。

【诊断】根据症状、病理剖检和实验室诊断可确诊。

【治疗方法】对病鸭用2%硼酸水清洗鼻腔，再用青霉素、链霉素液滴鼻。剪开肿胀的眶下窦皮肤，挑出积液或干酪样物，伤口内外涂消毒药膏，可自愈。也可用青霉素5万国际单位或链霉素0.1克肌内注射，每只每天1～2次，连用3～4天。另可用泰乐菌素或抗支原体药治疗，可获良效。

【防治措施】防治本病的办法，一是消除诱因；二是做好病鸭的治疗工作；三是消灭病原。鸭传染性窦炎的发病通常与饲养管理不善、营养不良、阴雨潮湿、气温突变、通风不良、应激等因素有关，机体抵抗力的降低是导致本病发生和死亡率增加的诱因，应尽量避免和消除。鸭舍用火碱水等药物消毒，并用福尔马林熏蒸。执行全进全出等措施，发病率可明显降低。

14. 球虫病

鸭球虫病是危害鸭的小肠而引起出血性肠炎的疾病，也是鸭常见的寄生虫病，发病率和死亡率均很高。尤其对雏鸭危害严重，常引起急性死亡。耐过的病鸭生长发育受阻、增重缓慢，会对养鸭业造成巨大的经济损失。

【发病原因】家鸭球虫共有 10 个种，大部分寄生于肠道。其中以泰泽属、毁灭泰泽球虫致病力最强。

鸭球虫的发生往往是通过病鸭或带虫鸭的粪便污染饲料、饮水、土壤或用具引起传播的。2～3 周龄的雏鸭对球虫易感性最高，发生感染后通常引起急性暴发，死亡率一般为 20%～70%，最高可达 80%以上。随着日龄的增大，发病率和死亡率逐渐降低。发病季节与气温和湿度有着密切的关系，以 7～9 月份发病率最高。

【临床症状】急性鸭球虫病多发生于 2～3 周龄的雏鸭，于感染后第 4 天出现精神萎靡，缩颈，不食，喜卧，渴欲增加等症状；病初拉稀，随后排暗红色或深紫色血便，发病当天或第二、第三天发生急性死亡，耐过的病鸭逐渐恢复食欲，死亡停止，但生长受阻，增重缓慢。慢性型一般不显症状，偶见有拉稀，常成为球虫携带者和传染源。

【病理变化】急性死亡的病鸭，可见小肠弥漫性出血性肠炎，肠管病变严重，肠壁肿胀，出血；黏膜上密布针尖大小的出血点，有的见有红白相间的小点，肠道黏膜粗糙，黏膜上覆盖着一层糠麸样或奶酪状黏液，或有淡红色或深红色胶冻样血黏液。

【诊断】鸭的带虫现象极为普遍，所以不能仅根据粪便中有无卵囊做出诊断，应根据临床症状、流行病学资料和病理变化，结合病原检查综合判断。

【治疗方法】在球虫病流行季节，当地面饲养达到12日龄的雏鸭，可将下列药物的任何一种混于饲料中喂服，均有良效。

(1) 球虫病流行季节，在地面饲养达12日龄的雏鸭，按0.1%浓度将磺胺间甲氧嘧啶或0.02%复方甲基异恶唑或0.04%复方磺胺脒均匀混入饲料饲喂，连用5～7天，停药3天，再喂3天。

(2) 氯苯胍，按每100千克饲料拌4克的用量，连用5天，停药3～4天，再进行1个疗程。可同时在饲料中拌入酵母、鱼肝油和多维等作为辅助治疗。

(3) 可爱丹或克球灵，按0.02%～0.04%比例均匀拌饲料饲喂。

(4) 5%球安，按每千克饲料均匀拌0.15～0.25克的用量，连用3天。

(5) 杀球净饮水，每包50千克，加水50千克，自由饮用，也可拌入饲料，每包拌饲料40千克饲喂。

【防治措施】鉴于本病是由于鸭吃了含鸭球虫卵囊的饲料或饮水而感染发病的。因此，首先要改善养鸭的环境卫生，特别是鸭舍的卫生，如勤换垫草，地面垫新土或新沙，并尽可能保持干燥，清除粪便，堆肥发酵以消灭虫卵和其他病原微生物。保持饲养与饮水设施的清洁卫生。防止饲养员乱窜圈，谢绝外场人参观，以免从外带进球虫卵囊。如果鸭群一旦发生本病，应迅速采用药物防治。

(1) 用磺胺六甲氧嘧啶，按0.1%的量加入饲料，即

5 千克饲料中加入 5 克药，搅拌均匀，连喂 3～5 天，具有良好的防治效果，而且还不影响增重。

（2）用万分之二的复方新诺明，即 5 千克料加 1 克药（0.5 克的药片 2 片）连喂 3～5 天。被鸭粪污染的垫草应烧掉或发酵积肥，清圈后用火焰喷灯烧地面，否则下批鸭转入后仍可感染发病。

如果不能彻底清除消毒，则应于鸭转入污染圈舍后，立即喂以上加药饲料 3～4 天，这样可起到预防的作用。

15. 住白细胞虫病

住白细胞虫病是由西氏住白细胞原虫引起的鸭的一种急性高度致死性原虫病。住白细胞虫寄生在家禽的白细胞和红细胞内，引起血细胞的严重破坏。除鸭外，鹅和其他水禽也可感染。本病对幼雏的致病性强，可造成大批死亡。

【发病原因】本病的发病、流行与库蠓或蚋等吸血昆虫的活动规律有关，发病高峰都在库蠓和蚋大量出现的夏、秋季节。各日龄的鸭都能感染，但幼禽和青年禽的易感性最强，发病也最严重。

【临床症状】雏鸭发病后，精神萎靡，体温升高，食欲消失，渴欲增加，流涎；体重下降，贫血，下痢呈淡黄色；两肢轻瘫，走路不稳，全身衰弱，常伏卧地上；呼吸急促，流鼻液和流泪，眼睑粘连。

【病理变化】病死鸭消瘦，肌肉苍白，肝、脾肿大，呈淡黄色；消化道黏膜充血，心包积液，心肌松弛苍白，全身皮下、肌肉有大小不等出血点，并有灰白色的针尖至粟粒大小结节；腺胃、肌胃、肺、肾等黏膜有出血点。

【诊断】采取病禽血液涂片，姬姆萨染色，镜检查找虫体或从内脏、肌肉上采取小的结节，压片镜检查找虫体，亦可做组织切片查找虫体。

【治疗方法】

(1) 球立清每100克配水100千克，连饮3～5天。

(2) 冠速康每瓶配水100千克，饮水1天后改为维持量，即每瓶配水400千克，连用3天。

(3) 白乐君按体重每千克用150毫克，每天口服1次，连用3天。

(4) 复方新诺明每只每天口服125毫克，以后减半，连用3～5天，或按说明使用。

【防治措施】在鸭舍及其周围喷洒驱虫剂，以杀灭传播本病的蠓类吸血昆虫。也可用0.5%～1%有机磷杀虫剂，每隔1周喷洒1次；在流行季节，可用二胺嘧啶拌料，每千克饲料加入25毫克；或用磺胺喹恶啉，每千克饲料加入50毫克。

16. 鸭痘

鸭痘是由痘病毒引起的一种急性传染病，其临床特征是在皮肤、口腔或眼睛上出现痘斑。

【发病原因】病原为鸭痘病毒，是禽痘病毒群中的一个新成员。目前对该病毒的生物学特性了解甚少，但在临床症状和病理变化上，与其他禽类的痘病相似。

【临床症状】各种日龄的鸭均可感染，雏鸭易感。该病分为皮肤型、口腔型和眼型3种不同的临床类型。其中以皮肤型较多见，约占90%，眼型约占3%。病初体温稍高，迟钝，食欲下降，产蛋下降或完全停止。

（1）皮肤型：在鸭的嘴角和与鸭喙连接的皮肤上、眼睑处皮肤上，出现大小不等的结节状痘样疹，并经常汇集成较大的疣状结节。其他如跗关节以下的足部趾或蹼上，也会出现结节状痘样疹，这样的病例约占3%。

（2）口腔型：最初在口腔黏膜上出现灰白色痘疹，在口角处有结节样疹，痘疹逐渐变黄，后期形成溃疡，经10～15天愈合，不形成伪膜。

（3）眼型：病初有水样分泌物，后来逐渐形成脓性结膜炎，常将上下眼睑黏合在一起，严重时可导致一侧或两侧眼睛失明。有时也出现皮肤型与眼型或与口腔型的混合型鸭痘。

【病理变化】一般鸭痘的病变除化脓期外，与鸭痘各阶段相似，痘样结节状病变干涸后成痂，痂脱落后留下一个暂时性的瘢痕。皮肤结节在上皮层发生坏死，破坏了正常的细胞结构，表皮下层细胞增生，个别细胞明显膨大似“气球”。真皮下层基底部发生水肿，有异嗜性细胞中的包涵体。真皮下层基底部发生水肿，有异嗜性细胞和其他炎性细胞聚集。该处毛细血管扩张，充满血液细胞。

【诊断】一般根据临床表现和病理变化可以做出诊断。为进一步确诊，可采取皮肤痘痂及病变组织送兽医检验部门做病毒分离和病理组织学检查。

【治疗方法】

（1）大群鸭用吗啉胍按照1‰的量拌料，连用3～5天，为防止继发感染，饲料内应加入0.2%土霉素，配以中药鸭痘散（龙胆草90克，板蓝根60克，升麻50克，野菊花80克，甘草20克，将上述中药加工成粉，每日成年鸭2克/

只，均匀拌料，分上下午集中喂服，一般连用3～5天）疗效更好。

（2）对于病重鸭，皮肤型可用镊子剥离痘痂，伤口涂抹碘酊或紫药水；白喉型可用镊子将黏膜假膜剥离取出，然后再撒上少许“喉症散”或“六神丸”粉，每日1次，连用3天即可。

（3）对于痘斑长在眼睑上，造成眼睑粘连，眼睛流泪的鸭可以采用注射治疗的方法给予个别治疗，用法为：青霉素1支（40万单位）、链霉素1支（10万单位）、病毒唑1支、地塞米松1支混匀后肌注，40日龄以下注射10只鸭，40日龄以上注射5～7只鸭。一般连续注射3～5次，即可痊愈。

【防治措施】鸭痘鸭胚化弱毒疫苗肌内注射，其他通常采取一般综合性防治措施。

17. 亚硝酸盐中毒

鸭亚硝酸盐中毒是由于采食了贮存不当和发霉变质的青菜等，其中的亚硝酸盐被吸收入血后而引起的中毒。

【发病原因】青菜、包菜、萝卜叶、菠菜等许多青绿饲料里都含有硝酸盐，特别是施用过硝酸盐化物的植物，其含量更高。这些植物在堆积发酵、腐败变质或蒸煮不透的情况下，其中硝酸盐可转变为亚硝酸盐。用上述的植物作饲料，即可引起中毒的发生。另外，硝酸盐在鸭膨大部中经微生物作用，亦可转变为亚硝酸盐而引起中毒。

【临床症状】亚硝酸盐进入血液后，可使正常的低铁血红蛋白氧化为高铁血红蛋白，从而失去携氧能力，导致机体缺氧。鸭采食病变饲料后约1小时，出现不安，流涎，口吐白沫，故临诊主要表现为缺氧症，呼吸困难，张口呼吸，口黏膜、冠髯发紫（绀）。昏迷，抽搐，全身痉挛，最后呼吸麻痹，很快窒息死亡。

【病理变化】病死鸭血液呈酱油样的棕色，凝固不良。食管或嗉囊内充满菜料，并有浓烈的酸败味。小肠黏膜充血，大肠臌气。肝呈黄白色，充血肿胀。

【诊断】根据采食霉烂青绿饲料的病史，发病快，流涎，呼吸困难，冠髯发紫，死后剖检血液呈酱油色且凝固不良，据此即可初步诊断。确诊需取饲料送兽医检验部门进行实验室诊断（如将待检饲料放在玻璃管内，加10%高锰酸钾溶液1～2滴，搅匀后，再加1%硫酸1～2滴，充分摇动，如有亚硝酸盐，高锰酸钾褪为无色，否则不褪色）。

【治疗方法】治疗主要应用1%的亚甲蓝注射液静注，每千克体重0.5毫升；25%葡萄糖溶液10毫升和维生素C，或5%甲苯胺蓝溶液肌注，每千克体重0.5毫升，同时用0.1%高锰酸钾饮水。

【防治措施】青绿饲料必须新鲜，不可存放时间太长，不喂腐烂变质或发酵的青绿饲料或残次菜叶，尤其不能用切碎煮熟闷在锅里的饲料喂。

18. 食盐中毒

食盐是鸭日粮中不可缺少的矿物质，适当给予，既可增强饲料的适口性，又能保证血液电解质平衡，但鸭摄入过量也会引起中毒。

【发病原因】鸭的食盐中毒是食入了含盐量过多的饲料，或喂给了含盐量过多的鱼粉、残羹等。饲料中的含盐量在3%以上，即可引起中毒。

【临床症状】雏鸭中毒后不断鸣叫，站立不稳，无目的地冲撞，角弓反张，以脚蹬地，突然整个身体向后翻转，胸腹朝天，两脚前后做游泳状摆动，头颈不断旋转。

【病理变化】主要病变在消化道。食道膨大部充满黏性液，黏膜易脱落，腺胃黏膜充血，呈淡红色；肌胃黏膜充血、出血；小肠发生急性卡他性或出血性肠炎。

皮下结缔组织水肿，切开后流出黄色透明液体，呈胶样浸润；腹腔和心包腔有多量黄色透明积水，心脏有出血点，血液浓稠；肝肿大，淤血，表面覆盖淡黄色的纤维素性渗出物；肾肿大；肺水肿。

【诊断】根据病史、临床症状和剖检病变一般可做出诊断，必要时可将病料和饲料送往实验室检验氯化钠含量。

【治疗方法】一旦发现食盐中毒，立即停喂原有饲料，供给新鲜饮水。喂给5%葡萄糖水，连饮3～4天。对重症病鸭，用10%葡萄糖水腹腔注射，每只成年鸭20～30毫升。喂给或灌服冲稀的淀粉或牛奶、豆浆、鸡蛋。每千克体重皮下注射5氯化钾溶液4毫升。

【防治措施】在生产中调配饲料时，应严格控制饲料中食盐的含量，特别是饲喂雏鸭时，其含量不得超过0.5%，一般以0.3%为宜。市售的鸭混合料如已添加食盐，不必另行加食盐。自配的鸭饲料，如用咸鱼粉或含盐量高的副食品，就不必加盐了。

19. 黄曲霉素中毒

黄曲霉毒素中毒是由于鸭吃了被黄曲霉毒素污染的饲料而引起的一种以肝坏死为特征的中毒性疾病。

【发病原因】本病是由黄曲霉所产生的毒素引起的一种

中毒病。黄曲霉素的产生是由于花生、麸皮、破损玉米、干草、稻草等在潮湿的季节中收藏保管不善所致，当鸭吃了含有黄曲霉毒素的饲料，即引起本病的发生。北京鸭对黄曲霉毒素的耐受性比其他鸭大，雏鸭比成年鸭易感。

【临床症状】病鸭最初症状为精神萎靡，衰弱无力，排绿色粪便，采食量减少和生长缓慢，羽毛脱落，常见跛行，腿和趾部可出现紫色出血斑点。雏鸭于死前常见有运动失调，抽搐，死时呈角弓反张，死亡率可达 100%。

【病理变化】在较大的雏鸭皮下见有胶样渗出物，在腿部和蹼有严重的皮下出血，肝脏的病变常有中毒症的明显标志。1 周龄因黄曲霉毒素中毒而死的新生雏鸭的肝脏肿大，色发灰。肾苍白肿大，或有小出血点，胰腺也可能有出血点。3 周龄以上的雏鸭肝脏病变明显，整个肝脏由于网状结构而呈苍白和有肝萎缩与肝硬变，在较大的鸭子尚可见心包积液和腹水，此外，也可见肾脏肿胀出血与胰腺出血。

【诊断】可根据临床症状和病变进行初步诊断，但欲确诊尚需用可疑饲料饲喂 1 日龄雏鸭，进行黄曲霉毒素的生物学鉴定。

【治疗方法】本病无有效药物治疗，若发现黄曲霉毒素中毒，应立即更换饲料，可给予病鸡鸭盐类泻剂，排除肠道内毒素；同时采用对症疗法，并供给充足的青绿饲料和维生素 A，必要时投与盐类泻剂，排除肠道内的毒素。

【防治措施】只要停喂含有黄曲霉素毒素的饲料，很快就会停止发病死亡。因此，在温暖多雨季节，饲料要注意防霉，防止饲料中黄曲霉毒素的生长。

20. 磺胺类药物中毒

磺胺类药物是一类具有对氨基苯磺胺结构的广谱抗菌药物的总称，被广泛地应用于家禽的细菌性疾病及球虫病的防治。但由于该类药物对禽的肝、肾、造血和免疫系统有毒害作用，而且治疗量与中毒量较接近，极易引起家禽的中毒。

【发病原因】鸭的磺胺类药物发生中毒的直接原因是使用磺胺类药物剂量过大，用药时间过长或拌料不均匀。磺胺药的一般使用量是口服每千克体重 0.1 克（首次加倍）、肌内注射 0.07 克，连用 3～5 天。超过了这个用量，或连用时间 7 天以上，就有可能造成鸭的中毒。

1 月龄以内的雏鸭因体内肝、肾等器官功能不完备，对磺胺类药物的敏感性较高，容易引起中毒。因磺胺类药物本身在体内代谢就较缓慢，不易排泄，肝、肾有疾患的鸭因体内的蓄积也易导致中毒。饲料中维生素 K 缺乏也能促进磺胺类药物中毒的发生。

【临床症状】急性中毒主要表现兴奋不安、呼吸加快、摇头、痉挛、肌肉颤抖、厌食、腹泻、麻痹等症状，并在短时间内死亡；慢性中毒者精神沉郁、羽毛松乱、食欲减退、渴欲增加、贫血。

【病理变化】病禽常出现出血综合征，出现皮肤、肌肉和内脏广泛出血等症状，如腿部肌肉出血、心肌刷状出血，肠道有出血点或出血斑；肝肿大，有出血点或坏死点；脾肿大、出血；腺胃与肌胃交界处出血、溃疡；肾肿大，有白色尿酸盐沉积。

【诊断】主要根据服药史，结合病理剖检可初步诊断。确诊需做磺胺类药物实验室鉴定。

【治疗方法】若发生中毒，应立即停药，饮5%葡萄糖水或0.5%～1%碳酸氢钠水，并在每千克饲料中添加维生素K 0.5毫克或在日粮中提高1倍维生素含量；中毒严重的鸭并可肌注维生素$B_{12}$ 1～2微克或叶酸50～100微克。

【防治措施】应严格掌握磺胺类药物的用药剂量和疗程。要连续用药的，用药不超过7天，并在1个疗程结束后，应间隔3～5天再用，且同时供应充足饮水；使用磺胺复方制剂，应减少用药剂量，避免中毒，拌料时要搅拌均匀。

21. 恩诺沙星中毒

鸭恩诺沙星中毒是指因恩诺沙星使用不当而引起的一种以神经症状为主的中毒性疾病。

【发病原因】鸭恩诺沙星中毒的原因主要是用药剂量过大，多是由于肌内注射时剂量掌握不当，使用了超过正常用量许多倍的剂量而发生。

【临床症状】初期精神沉郁，几分钟后变兴奋、全身震颤，颈部时而伸直，时而弯曲，卧地，后肢向后伸直，翅时而拍打，口中流白沫，并不时发出沙哑的“咯咯”叫声，最后挣扎而死。

【病理变化】肝脏肿大、暗红色，胆囊胀大、充满胆汁，肠道充血，脑水肿、充血。

【诊断】主要根据服药史结合病理剖检即可诊断。

【治疗方法】一旦发生中毒，应立即停止用药，供给充足的饮水，可在水中加入葡萄糖、维生素C等增加肝脏的解毒能力。神经症状明显的也可用阿托品治疗。

【防治措施】用恩诺沙星治疗鸭病时，应按规定的剂量用药，即饮水用药剂量为每升水加56～75毫克，肌内注射用药剂量为每千克体重2～5毫克。

22. 喹乙醇中毒

喹乙醇又名快育灵，是一种合成抗菌药和促生长剂，由于具有促进家禽生长、增重加快和改善饲料转化率等作用，近年来又多用于防治禽霍乱，常被作为饲料添加剂广泛应用。但由于喹乙醇对家禽较敏感，如果添加量过大、拌料不均匀或养禽户重复添加，长期使用，则容易造成慢性中毒。

【发病原因】

（1）使用不适当：有些养鸭户误认为喹乙醇添加量越大，催肥作用越大，盲目加大用量。

（2）混合不均匀：由于加入饲料时混合不均匀，造成少数鸭只食入量超过正常剂量太多。

（3）用量过大或用药时间过长：如使用喹乙醇治疗或预防鸭霍乱时，剂量过大或使用时间过长。

（4）计算、称量的差错：误将纯喹乙醇原料作为含量较低的预混剂使用等。

（5）重复添加喹乙醇而引起中毒：使用者不了解某些饲料厂家在生产配合饲料时已添加喹乙醇，而又添加致使实际用量过大导致中毒。

（6）个别人缺乏知识：量的单位概念没有搞清，误将克和毫克混淆；或将每千克饲料的药物添加量与每千克鸭体重的用药量混淆，也可能引起中毒。

【临床症状】病鸭精神不振，羽毛蓬乱，离群呆立，食欲减退或消失，渴欲增加，流涎、排稀粪，粪便呈绿色。临死前全身颤动，抽搐。雏鸭比成鸭敏感，雄鸭（大鸭）比雌鸭（小鸭）敏感，死亡鸭中体型大、较强壮的鸭只（吃药量多的原因）为多数。

【病理变化】主要是消化道充血、出血。肌胃角质层易剥落，有出血斑点；小肠弥漫性充血、出血；肝脏肿大，有出血斑点，质脆易碎；肾脏肿大，充血、出血；泄殖腔严重出血，死后几小时剖检流出的血液凝固不全。

【诊断】根据病鸭用药情况、临床症状，剖检有全身广泛性出血的病变等情况，一般可以做出诊断。如怀疑饲料中含有过量的喹乙醇时，可送有关单位进行实验室检测。

【治疗方法】目前尚无有效的解毒药治疗，一旦有中毒可疑时，立即停喂混有喹乙醇的饲料并予以清除。药物治疗采取泻下、利尿、解毒等方法对症治疗。

（1）轻症：可饮用或灌服5%硫酸钠（芒硝）溶液。为了加快解毒，也可将5%硫酸钠直接注入食管膨大部。

（2）雏鸭中毒：可用5%葡萄糖溶液（也可用白糖水）10～20毫升吸管直接灌服；或每只肌注维生素C 1～2毫升，以提高解毒能力。也可用绿豆汤，可缓解毒性。

【防治措施】

（1）预防喹乙醇中毒：应侧重注意喹乙醇的添加量，连续使用的时间，同时注意拌料要均匀，保证充足饮水（高温时更应注意），其预防量严格按照推荐量混饲，每千克25～30毫克，不要盲目加大剂量。

（2）饲料中添加喹乙醇时要充分混合均匀：应将喹乙醇与少量饲料混合均匀，然后逐级扩大搅拌均匀，最后再混入全部饲料中，可防止少数鸭只摄食量过大而中毒。

（3）防止重复添加：应了解所购的配合饲料是否已添加喹乙醇。

23. 硫酸铜中毒

作为饲料添加剂，硫酸铜被广泛地应用于各种动物，其作用已不仅在于满足动物对铜的需求，更重要的是将硫酸铜用作生长促进剂。这就导致了生产上硫酸铜的滥用，使得铜中毒危机四伏。

【发病原因】对鸭来说，每千克饲料中只要含有2.5～5毫克铜即可满足生理需求，不致引起缺乏症，而高铜饲料具有明显促进鸭生长速度的效能。当每千克饲料中铜的含量达到100毫克时就可能发生中毒。

鸭硫酸铜中毒的原因主要为硫酸铜作为促生长剂浓度用得过高或粉碎不细，拌料不均匀引起；也有在高铜配合饲料中另外再添加高铜添加剂引发中毒的。

【临床症状】急性铜中毒的鸭可表现为短暂的兴奋后萎靡、衰弱、麻痹、惊厥、昏迷，最终死亡。慢性中毒则表现为生长受阻，精神萎靡，贫血，肌营养不良等症状。

【病理变化】剖检可见腺胃、肌胃坏死，肠炎症，肺呈淡绿色，肝、肾细胞变性等变化。

【诊断】主要根据服药史，结合病理剖检可诊断。

【治疗方法】发生中毒时，应立即停用铜盐饲料，增加锌、铁等微量元素来促铜排泄。急性中毒时，可用鸡蛋清、牛奶等喂服，每只3～5毫升。

【防治措施】

（1）严禁滥用硫酸铜。

（2）补饲或作生长促进剂使用的硫酸铜粉碎要细（过100目筛），拌料一定要均匀。

24. 高锰酸钾中毒

高锰酸钾是一种常用的消毒药，鸭高锰酸钾中毒是指因使用高锰酸钾不当而引起的一种以消化道黏膜腐蚀性损伤，充血、水肿，呼吸困难等为特征的中毒病。

【发病原因】高锰酸钾中毒是由于鸭饮用了高浓度的高锰酸钾溶液引起的中毒症，一般常用于鸭饮水消毒用量为0.01％～0.02％浓度，浓度超过0.1％就会引起中毒。

【临床症状】中毒鸭精神沉郁、食欲不振或消失，口流黏涎，水样腹泻；呼吸困难，闭眼呆立，状如昏睡。若驱赶走动，摇晃不稳，共济失调；有时颌下皮肤受腐蚀，皮肤充血，羽毛脱落。中毒严重的可1～2天内死亡。

【病理变化】剖检见口腔、食道膨大部、腺胃和十二指肠黏膜肿胀，充血、出血，溃疡、糜烂或脱落；肝呈土黄色。

【诊断】根据饮用高锰酸钾浓度过高的病史，以及口腔、食道病变，胃肠道腐蚀性病变等可做出诊断。

【治疗方法】中毒初期可喂大量清水，也可内服牛奶、蛋白以保护消化道黏膜；必要时可用3％双氧水10毫升，加入100毫升水稀释后灌服洗胃。

【防治措施】平时应用高锰酸钾配制溶液浓度要准确，不可过高。在消毒饮水时一定要待充分溶解后再让鸭饮用。消化道消毒浓度不能超过0.02％。

25. 应激综合征

应激综合征是指机体在应激原的刺激下，通过垂体一肾上腺皮质系统引起的各种生理或病理过程的综合性症状。

【发病原因】一般认为与饲养管理、环境应激源（因子）以及精神、神经传递异常有关，包括鸭群过于拥挤，鸭舍卫生和通风不良致使氨气浓度过高，以及饲养环境灰尘飞扬、闷热、潮湿、噪声大、惊吓、恐惧（或空中有大鹰飞过）、突然强力驱赶和追捕、争斗、炎热季节长途运输、转群、多人参加的防疫接种、气候突变（雷雨交加），以及日料中缺乏维生素 $B_1$ 和烟酸等。

【临床症状】由于应激源的强度、持续时间、鸭不同品种、年龄以及机体健康状况和营养状态的不同。由应激引起的临床症状会有各种类型，主要有以下几种：

（1）急性应激综合征：这种综合征是由于受应激源的长时间刺激所引起。

①热应激：引起此种症状的应激源是天气炎热的情况下长途运输、过度拥挤和缺水、鸭舍温度过高等。在这些因素作用下致使鸭体产热过多，而散热困难在临床上表现为呼吸困难，张口喘气，体温升高，心跳加快，肌肉震颤，可视黏膜潮红或发绀，口流白沫，鸭还可能发生肺炎，甚至死亡。

②致惊应激：引起此种症状的应激源是争斗、噪音、捕捉、运输、混群等，致使鸭受惊。在临床上表现头部羽毛竖起，惊恐不安、到处乱跑、寻处躲藏、食欲减少甚至废绝。生长发育受阻，产蛋量下降，有些鸭发生死亡。

（2）慢性应激综合征：由强度不大的应激源长期反复刺激所致，如营养缺乏、后备种鸭产蛋前限料、育雏室温度变化大、气候骤变，患有慢性病及卫生状态差造成霉菌慢性感染等。在应激源不断刺激下，机体不断地做出适应性的调整，从而影响鸭的食欲，致使生长发育迟缓，消瘦，产蛋量下降，孵化率降低。免疫力下降，并且容易继发或并发其他疫病。

（3）猝死性应激综合征：又称猝死或突毙综合征，是由于鸭在惊吓、捕抓、注射疫苗发生反应或互相挤压等激烈的应激源的刺激下，不表现任何症状而突然死亡。其死亡的最主要原因是由于突然受到应激源的强烈刺激，引起休克或虚脱而致猝然死亡。

【病理变化】由应激所引起的死亡雏鸭颅骨出血，脑膜和脑组织充血，大脑与丘脑之间间隙有大的凝血块。肝脏有出血斑，肾充血出血。喙呈紫蓝色，蹼苍白。

【诊断】根据临床症状即可诊断。

【治疗方法】

（1）消除应激源：在患鸭出现症状之后，如果确诊为应激综合征，应针对不同的应激因素采取相应的措施给予及时消除。

（2）采用药物治疗：每千克饲料可添加维生素 C 100～300 毫克；或每千克饲料添加杆菌肽锌盐 40 毫克，同时添加维生素 E 及黄芪多糖粉等，可以增强机体的免疫和抗自由基系统的功能。

【防治措施】

（1）加强预防和减少应激的观念：特别在主要的传染病得到控制之后，往往更容易忽视应激对鸭生长发育、生产性能、抗病力和免疫力的影响所造成的经济损失。

（2）加强饲养管理：在整个饲养过程中，始终要保持饲料中营养成分的平衡，并在特殊情况下注意及时补充多种维生素及矿物质。在阴雨季节严防饲料发霉。所喂饲料的质量不但要可靠，而且要相对稳定。一旦发现质量有问题，要及时调整。注意鸭群的稳定性，尽可能避免随意混群。在运输过程中尽量减少和减轻动态应激源对鸭的影响。

（3）改善环境条件：这是预防和减少环境应激源对鸭群造成不良影响的重要工作之一。改善环境的清洁卫生状态，清除周围环境的各种污染；舍饲的鸭群要注意适当的饲养密度、适中的光线、良好的通风、适宜的温度，避免或减少噪音的干扰。给鸭群的生存创建一个良好和安全的环境条件。

（4）做好重大疫病预防接种工作：根据当地目前主要的重大疫病，制定合乎实际、科学的免疫程序，选择高质量的疫苗，及时进行预防接种。并保证接种的质量，把严防应激与科学预防接种结合起来，这才是保证养鸭业顺利健康发展的最重要的策略。

（5）及时采用药物预防：在捕捉、运输或免疫接种之前1小时，在每千克饲料中添加利血平10～15毫克，或每千克饲料中补充维生素C 100～200毫克，同时添加维生素E和B族维生素，有更佳的抗应激作用。延胡索酸可按0.2%拌料饲喂，这是一种应激保护剂，它能提高鸭群的存活率和生产性能。琥珀酸盐可按0.1%的浓度拌料饲喂，它能使处于应激状态的鸭群较快地恢复正常生理状态和维持正常的产蛋水平。

26. 腹水综合征

鸭腹水征是多种因素引起鸭的一种综合征，本病的主要特征是腹腔积液、腹围下垂。

【发病原因】诱发本病的因素很多，包括遗传、饲养环境及营养等，主要的病因是缺氧使肺动脉压升高，导致右心室衰竭和腹腔积液。

（1）遗传因素：肉用型鸭（特别是公鸭）生长快速，存在亚临床症状的肺心病，这可能是发生本病的生理学基础。

（2）饲养环境：饲养环境恶劣，通风换气不良，造成长时间的供氧不足。

（3）营养：采用高能量、高蛋白饲料喂鸭，促使其生长，机体需氧量增加，也会发生相对供氧不足。饲料中含有的有毒物质如黄曲霉毒素或高水平的某些药物（如呋喃唑酮等）、某些侵害肝脏或血管的疾病（种鸭大肠杆菌感染）也可引起腹水征。

【临床症状】病鸭精神不振，腹部膨大，触之有波动感，严重者可见喙端和脚的发绀现象。

【病理变化】解剖腹腔内有大量黄色液体，腹水中混有纤维素凝块，肝脏肿大，个别萎缩，质地变脆。心包膜增厚、心包积液、心脏肿大，右心扩张，柔软，心壁变薄，肺淤血或水肿。

【诊断】根据本病的典型临床症状及特征性的剖检病变即可诊断。

【治疗方法】氟苯尼考每代 100 千克水、肠安之星每代加 100 千克水混合饮水每天 2 次集中用，连用 3 天。

【防治措施】

（1）改善鸭群管理及环境条件，防止拥挤，改善通风换气条件，保证鸭舍内有较充足的氧气流通，防止过冷。

（2）早期限饲，控制生长速度或适当降低饲料的能量。禁止饲喂发霉的饲料。

（3）日粮中补充维生素C。据报道，每千克饲料添加0.5克的维生素C，对预防腹水征能取得良好效果。

27. 中暑

鸭中暑也称为热应激，是鸭在高温、高湿的情况下，机体的散热机制发生障碍、热平衡受到破坏而引起的一种急性疾病。如果发病后未能及时有效地处理，可引起鸭大批死亡，从而给养殖造成较大的经济损失。

【发病原因】

（1）夏季气温太高，或者湿度增大，鸭在高温高湿的综合作用下最易引起中暑。

（2）饲养密度过大，鸭舍通风透气差，造成热量不易散发。

（3）饮水不足或者由于夏季水温升高造成水质恶化。

【临床症状】鸭中暑后会出现体温升高、蹲伏不愿走动、张口呼吸或伸翅散热，随后会出现站立不稳、阵发性昏迷麻痹（具体表现为鸭头触地或摇头，站立不稳，当受到驱赶后又能正常跑动，但跑不了多远又出现头触地、昏迷或摇头等神经症状）。

【病理变化】解剖病死鸭会发现血液不易凝固，有时会发现心肌出血，肝肿大、出血甚至坏死，脑膜充血等。

【诊断】一些养殖户或兽医工作者根据以上部分症状，诊断成禽流感、鸭病毒性肝炎或者小鸭瘟等，并且在治疗过程中没有采取防暑降温措施，也没有使用抗应激防暑的药物，甚至使鸭在受到抓鸭、打针等应激后，加速中暑发病鸭的死亡。

【治疗方法】

（1）当发现鸭出现中暑症状后，应立即将鸭转入阴凉处。

（2）用电解多维或水溶性维生素C、5%葡萄糖粉、0.3%～0.5%碳酸氢钠（小苏打）饮水，也可以在饮水或饲料中加入一些抗生素类药物，防止继发感染。如果发现及时，按以上方法可有效控制病情。

（3）用冷水慢慢淋鸭的头部，并用2%的“十滴水”灌服4～5毫升；或者用鲜苦瓜叶、青蒿揉出汁灌服；用藿香正气水，每瓶兑1千克水饮用或拌料0.5千克，连用3～5天。

【防治措施】

（1）合理设计鸭舍，最好呈东西走向，高度不低于2.5米，跨度不超过8米，以利于自然通风。

（2）在鸭舍旁2～3米处种树，避免阳光直射，也可在鸭舍周围种草或在鸭舍边种植丝瓜、爬墙虎等藤蔓植物，以利于吸收热量。

（3）供给鸭充足清洁的饮水，当气温超过29℃时，可以在饮水或饲料中添加电解多维或水溶性维生素C，也可以用一些中草药煎水饮服或拌料。常用的中草药有：淡竹叶10克，滑石15克，生地黄12克，白茅根25克，香薷15克煎水，供15日龄的鸭饮用；也可用鱼腥草、车前草、淡竹叶、香薷煎水饮服。

（4）中午高温时，可以对鸭舍屋顶喷水、地面洒水，也可以用适当的消毒剂对鸭实行喷雾消毒，既降温也可杀灭病原微生物。需要注意的是采取这些措施的前提是通风良好，否则反而会增加舍内空气湿度。

（5）做好其他疾病的防治工作。根据本场鸭发病规律及周围其他养殖场的疾病发生情况，做好免疫及药物预防；做好鸭寄生虫的防治工作，建议使用复方阿苯达唑（含阿苯达唑和伊维菌素）进行驱虫。当鸭发生其他疾病时，在治疗过程中应根据本场情况，采取防暑降温措施，并在饮水或饲料中添加防暑抗应激药物。

（6）降低或避免鸭受到其他一些应激因素的影响；不要突然更换饲料；当天气突变时，使用电解多维或水溶性维生素 C 饮水或拌料。

28. 异食癖

鸭异食癖也称恶食癖或啄癖，是鸭的一种因多种原因引起的代谢机能紊乱性综合征，表现有摄食通常认为无营养价值或根本不应该吃的东西的癖好，如为啄羽、啄头、啄肛、啄趾等。

【发病原因】鸭异食癖的原因非常复杂，常常找不到确定的原因，被认为是综合性因素的结果。

（1）日粮营养成分缺乏、不足或其比例失调。日粮中蛋白质和某些必需氨基酸（赖氨酸、蛋氨酸、色氨酸等）缺乏或不足；日粮缺乏某些矿物质或矿物质不平衡，如钠、钙、磷、硫、锌、锰、铜等，尤其钠、锌等缺乏可引起味觉异常，引起异食；饲料中某些维生素的缺乏与不足，尤其是维生素 A、维生素 D 及 B 族维生素缺乏（如维生素 $B_{12}$、叶酸等的缺乏可引起食粪癖）。

（2）饲养管理不当。如密度过高，光线过强，噪声过大，环境温度、湿度过高或过低，混群饲养，外伤、过于饥饿等。

(3) 继发于一些慢性消耗性疾病（如寄生虫病）或其他疾病（如泄殖腔炎、脱肛、长期腹泻等）。

【临床症状】根据异食癖发生的类型不同表现不一样。食肛则肛门周围破裂、流血，严重的肠道或子宫也可被拖出肛门外，可引起死亡；食羽则背部常无毛，有的留有羽根，皮肤出血破损；另有表现为啄食蛋，啄食地面水泥、墙上石灰，啄食粪便等嗜好的。啄癖往往首先在个别鸭发生，以后迅速蔓延。

【诊断】根据临床表现即可诊断。

【治疗方法】发现啄癖后，首先隔离“发起者”和“受害者”，采取综合分析的办法尽快找出原因，采取缺什么补什么的措施。如啄羽癖可增加蛋白质的喂量，增喂含硫氨基酸、维生素、石膏等；啄蛋癖者若以食蛋壳为主，要增加钙和维生素 D；若以食蛋清为主，要增加蛋白质；若蛋壳和蛋清均食，同时添加蛋白质、钙和维生素 D。对难以发现原因的，可采用 2%氯化钠饮水，每日半天，连用 2～3 天；饲料中添加生石膏粉，每天每只雏 0.5～3 克，连用 3～4 天；饲料中添加 1%小苏打，连用 3～5 天等措施。

【防治措施】加强饲养管理，使用全价日粮，保证良好的环境条件。应注意纠正不合理的饲养管理方法，积极治疗某些原发性疾病。

29. *瘫痪*

肉用鸭瘫痪多发生在 45～60 日龄阶段，高发率可达 10%以上。

【发病原因】引起肉用鸭瘫痪的原因很多，有品种方面的原因，也有疾病方面的原因，还有环境方面的原因，以及营养方面的原因。从发生情况看主要是疾病和营养方面的原因和一些机械伤害。疾病方面主要是细菌感染引起的滑膜炎、骨髓炎，病毒性关节炎并发葡萄球菌引起的葡萄球菌性关节炎和呼肠孤病毒引起的股骨头坏死。营养方面主要是钙磷缺乏、钙磷不平衡或维生素 $D_3$ 缺乏引起的胫骨软骨发育不良、佝偻病、骨质疏松症和红色跗关节，另外饲料中锰和胆碱缺乏会引起软骨营养障碍，也称胫骨短粗症。

【临床症状】瘫痪引起生长发育受阻，产品的合格率低，瘫痪肉用鸭表现体软、腿软、跛行、用跗关节行走、运动失调等软骨病症状，还有的出现“橡皮喙”现象。有些鸭精神状态良好，虽行动困难，可正常采食和饮水，但采食量和饮水量因受其他肉用鸭的影响而减少。大部分瘫痪肉用鸭行动困难，不能正常采食和饮水，鸭体消瘦甚至死亡。死亡大多由其他肉用鸭踩压所致。

【诊断】运动艰难，走路摇摆，不能站立；喜睡、身体发抖，头不能抬起，严重时常以跗关节着地或靠两翼支撑着地。

【治疗方法】可采用肌内注射维丁胶性钙治疗。规格为每毫升含维生素 D 500 单位、胶性钙 0.5 毫升。每次注射 1～2毫升，每天 1 次，连续注射 2～3 次即可治愈。也可用每片含磷酸氢钙 0.5 克的糖钙片和每片含维生素 $B_1$ 2～3 片同时喂服，每日 1 次，连服几次即可康复。如能在针刺鸭趾血管放血的同时口服鱼肝油，则治疗效果更好。

【防治措施】防治肉用鸭瘫痪的措施是饲料中有充足的钙磷，而且钙磷比例必须平衡；日粮中的维生素尤其是维生

素 $D_3$ 的量要足，其他微量元素的量也要有保证，有条件的饲养场应定期进行户外运动，多晒太阳；鸭舍和运动场要防止阴暗潮湿，经常更换垫料；经常消毒防止细菌感染，注射疫苗防止病毒性疾病发生。

# 第六章　肉用鸭的出栏

肉用鸭 60 日龄前生长发育比较快，绝对增重高，60 日龄后随着日龄的增加日增重下降，耗料与成本增加。因此，肉用鸭养至 60 日龄左右，体重 3 千克以上时及时联系“公司”或买主出栏。

## 第一节　出栏与屠宰

### 一、活体出栏

肉用鸭出栏采用全进全出制，就是在同一栋鸭舍同一时间只饲养同一日龄的肉用鸭，全部雏鸭在同一天开食，同一天出场。

1．出栏时间的确定

鸭适时出栏应考虑到饲料消耗、屠体品质、市场需求及销售价格等诸多因素。如果鸭苗价格高，饲料价格低，毛鸭价格高，而且鸭群健康，应适当延长几天出栏。因为这样饲养期延长，体重增加，每千克体重分摊的苗鸭费用会减少，从而会降低生产成本。另外，虽然生长后期料肉比增高，但鸭的绝对增重量增多，如果饲料与毛鸭价格比合适，这样推迟出栏是划算的。反之，则应早些出栏。但需说明一点，生长期延长，料肉比和死亡率都会增加，所以近年来总的趋势是饲养期缩短，出栏日龄提前，一般在55～60日龄出栏均可，何时经济效益好何时出栏。

行情相对稳定，体重大一些利润就高些。当然，肉用鸭体重不可能无限地增大，当白羽肉用鸭体重超过3.0千克时，其消耗饲料量加大，料肉比也加大，越来越不划算。特别是行情不稳，或长时间高价位、随时有下跌可能时，不用顾及体重，利益第一，能出手时就出手。

在肉用鸭上市前7天要停止向饲料和饮水中添加药物，以防止屠宰后鸭肉有药物残留，有害人体健康。如果是自配饲料，这时应不用动物性饲料如鱼粉等，以免鸭肉有异味，降低鸭肉品质。

2. 抓鸭

（1）抓鸭前4～6小时停止饲喂，但不能停止供水。

（2）关闭大多数电灯，使舍内光线变暗，在抓鸭过程中要启动风扇以排出抓鸭时扬起的灰尘等。

（3）抓鸭前，将所有的饲喂设备升高或移走，避免捕捉过程中损伤鸭体或损坏设备。

（4）尽量保持安静，以免鸭群惊动造成挤压。

（5）抓鸭的颈部，一手一只，不得抓翅膀和其他部位，以防骨折，出现红翅。

3. 装鸭

肉用鸭行动迟缓，皮肉很嫩，容易损伤。装笼时应视季节气候来确定每一笼装入的活鸭只数，一般冬季可多装些，炎热夏季少装些，以防止闷热造成死鸭。

将鸭放入鸭笼时应十分小心，确保鸭在笼内是头朝上站立着，严禁头朝下，腹部朝上，这样几分钟便可导致死亡。严禁用饲料袋从鸭舍往外背鸭，这样凡装进饲料袋背出舍外的肉用鸭尽管当时未死运输途中几乎都活不了。

运鸭最好用专用的运输筐，以免运输过程中造成损伤。

4. 运输

夏天运输要在早晚进行，中途严禁长时间停留，运输的车辆要敞开车篷。车厢内要留有间隙通风散热，以免鸭被暑热闷死。到目的地后，立即卸车，休息片刻后再给鸭群供水。

## 二、屠宰加工

为了增加产品附加值，专业户饲养模式的可以自行屠宰加工。自行屠宰只要不是临时性的屠宰场，就应具备一些设备，如供水和排水系统，供热水锅炉、屠宰架、接血槽（盆）、浸烫的水池（或锅等）、冷库。如果是机械化屠宰厂，应有悬挂输链、浸泡设备、脱羽机、蜡脱羽设备等。

### （一）屠宰前的准备

1. 确定屠宰计划

要调查了解鸭只出栏数量，考虑自身的屠宰加工能力及运输能力，调研和预测加工后各类原料产品销售市场、产品流向及价格。依据这些因素确定屠宰数量和屠宰的进度。

2. 设备和用具准备

屠宰加工前要维修和完善加工设备及用具，如人工屠宰加工应将屠宰场地、设备及用具准备齐全。如用机械化或半机械化屠宰加工，应检修设备，配齐零部件，并试车进行，达到正常状态。

3. 各类产品包装用品及存放场地的准备

屠宰加工的过程是分别采集各类产品的过程，因此对每类产品的包装用品应有足够的准备，并要确定存放场地。每类产品需用什么包装、需用多少、场地大小，要根据屠宰规模、数量和产品出售的时间而定。如屠宰规模大、数量多、短时间难以销出，就需较多的包装和较大的场地。

4. 人员准备

屠宰加工生产环节较多，各环节均需事先配备专人，并要进行上岗前的技术培训，使每个生产工作人员均要懂得自己工作岗位的技术要求和质量要求，以便在整个生产过程中，减少浪费，降低成本，提高产品质量和经济效益。

5. 鸭只准备

屠宰前的管理工作主要包括宰前休息、宰前禁食和宰前淋浴 3 个方面。

（1）宰前检验：对成群的活鸭，一般是施行大群观察后再逐只进行检查。利用看、触、听、嗅等方法进行检验，根据精神状态，有无缩颈垂翅、羽毛松乱，闭目独立，发呆和呼吸困难或急促，有无“咕咕”或“嘎嘎”的怪叫声等异常表现来确定鸭的健康情况，发现病鸭或可疑患有传染疾病的应单独急宰，依据宰后检验结果，分别处理。对被传染病污染的场地、设备、用具等要施行清扫、洗刷和消毒。

（2）宰前休息：毛鸭在屠宰前要充分地休息，这样可以减少鸭的应激反应，从而有利于放血。一般需要休息12～24小时，天气炎热时，可延长至36小时。

（3）宰前禁食：鸭宰前休息时，要实行饥饿管理，即停食，但要给以定量的饮水。一般断食12～24小时为宜。停食的目的是为了使鸭尽量把肠胃内食物消化干净，排泄粪便，以便屠宰后处理内脏，避免污染肉体。同时饮水可以保持鸭正常的生理机能活动，降低血液的黏度，使鸭在屠宰时放血流畅。同时，因为绝食，肝脏中的糖原分解为乳糖及葡萄糖，分布于全身肌肉之中。而体内一部分蛋白质分解为氨基酸，使肉质嫩而甘美。绝食也节约了饲料，降低了成本。在绝食饮水时，绝食时间要掌握适当；太短不能达到绝食的目的，过长容易造成掉膘，减轻体重。喂水时要按照候宰禽的多少放置一定数量的水盆或水槽，避免鸭在饮水中打堆，鸭体受到损伤，甚至相互践踏引起死亡。但在宰前3小时左右要停止饮水，以免肠胃内含水分过多，宰时流出造成污染。

（4）清洗：鸭在宰杀前要进行淋浴或水浴。其目的是清洁鸭体，改善操作卫生条件，以保持宰后的鸭体清洁，避免污染，同时还可以使鸭精神舒畅，促进血液循环，放血干净，提高肉品质量，延长肉品的保存时间。一般可以用橡皮管接在自来水管上对鸭体进行喷淋，也可以在通道上设置数排淋浴喷头，在鸭经过时完成淋浴；或把鸭赶入人工构筑的浅水池内让其走过，以达到清洗鸭体的目的。赶鸭时要避免用竹竿或绳鞭抽打，防止鸭跌倒、滑、摔、压、挤和相互啄伤而引起伤痕和淤血，在加工后出次品。

（5）活拔大翎：羽毛在即将屠宰之前，将两翼的刀翎、乌翎、尾毛及分水毛等大翎羽毛采集下来，可用于生产羽毛球等，应另行包装出售。如果用机械脱羽，会使羽片遭破坏，成为废料，而且大翎羽混在羽毛中也会影响羽绒的质量。

**（二）白条鸭屠宰工艺**

整体出售若是全净膛白条鸭，除留肺与肾以外，其余全部内脏取掉（包括气管、食道、胗、肠、肝、胆、胰、脾、心、肛门、生殖器等）；半净膛白条，除肺、肾、肝、心、胗之外，其余去掉，但是，鸭胗要去掉内溶物和角质膜。

1. 宰杀流程

（1）宰杀方法：家禽的宰杀方法可分机械化宰杀和手工宰杀两种。无论采用哪种宰杀方法都要做到切割部位要准确，血液要放净，禽体不受损伤，外形整齐美观，保持肉品质量。

①机械化宰杀：鸭进行机械化宰杀时多采用麻电宰杀，适合于生产规模较大的禽类加工厂。本法通过麻电板进行，并借助高架轨道的自动运转，使各工序连贯成为自动化。宰杀在轨道上进行，麻电亦借助轨道的自动运转而自动进行。

在高架轨道的自动运转下，先将活鸭双腿挂入相等距离的挂钩上，随后鸭借助轨道的自动运转，头颈自动进入羽毛盐水浸泡池，经过2秒后再自动进入麻电板，这时胸、颈触及麻电板，利用轨道将鸭体向前推动的力量，麻电板的方格形刺即可穿过胸部和颈部的羽毛触及皮肤，将电流传入体神经。按照高架轨道的运转速度和麻电板的长度。在100伏电压下，鸭体在麻电板上通过6～8秒。在麻电板上电击时间较长，是考虑有羽毛会阻碍电流。活鸭麻电后，随着轨道的自动运转，鸭体被自动送到宰杀处，宰杀者用左手在眼与耳之间抓住鸭的头部，拧住下喙的一端，张开上喙，宰杀刀从口腔伸入，进入颈部第二颈椎骨处，顺势稍为用力，以刀尖割断颈静脉和桥静脉的连接处，放血。在割断血管后将口腔内的舌头提露口外，向上扭转，将舌头夹在口角外面，以利放血。宰杀后也在轨道上进行放血。

②手工宰杀：一是颈部宰杀沥血法；二是口腔宰杀沥血法；三是颈静脉宰杀沥血法。这3种方法的主要区别是放血的方式方法不同，在实际应用中，要根据产品用途及便于操作人员操作而决定，不能强求化一。

Ⅰ.颈部宰杀沥血法：是我国传统的宰杀方法，应用比较普遍。具体做法是：操作人员将活鸭倒挂在屠宰架上，把鸭保定好，用一只手握住鸭头后颈部，另一只手用快刀将鸭颈部两侧血管和气管割断（有的还割断食管），让血从割断的静脉血管中流出，沥血2～3分钟。这种方法有时沥血不净，颈部不完整，刀口易污染，白条欠美观。

Ⅱ.口腔宰杀沥血法：又称舌根静脉放血法。具体做法是：操作人员将倒挂在屠宰架上的活鸭保定好，用双手将鸭嘴掰开，另一个人用剪刀将舌根两侧静脉剪断，使血流出，沥血3～4分钟即死。此法颈部完整美观，但操作难度大，有时沥血不净，一般不常用。

Ⅲ.颈侧静脉宰杀沥血法：具体做法是：操作人员将倒挂在屠宰架上的活鸭保定好，用一只手抓握头后颈部，两手配合摸准两侧静脉，用一只手固定住，并使静脉隆起，用另一只手将较粗的空心针头插入两侧静脉管内，使血液从空心针头流出，沥血4分钟左右即死。此法沥血干净，皮肤完整美观，内脏干净无淤血。

（2）浸烫脱羽：浸烫脱羽是用热水浸烫沥血后的鸭体，脱去鸭体周身羽绒的过程。具体做法是将适度适量的热水放在较大的容器里，把沥血后的鸭体放入热水中，翻动数次，浸泡1～2分钟，使鸭体周身着水，并使热水浸透羽绒，拿出来乘热用手工或机械把周身的羽绒拔下来，再人工拔净体表的细毛及毛茬，并用温水冲洗数次，洗净皮肤表面血迹、油脂及皮膜等。

应用浸烫法要注意的是：一般把温度调整在60～65℃就可以，整个浸烫过程需要2～3分钟。水温与品种、日龄、气温均有关，如肉用品种要比绒用品种所需水温偏低；日龄短要比日龄长的鸭需用水温要低些；冬季气温低要比其他季节需用水温高些。总之，要严防水温过高烫熟皮肤，也防水温过低退不干净羽绒，影响胴体质量。同时要注意拔取羽绒时，防止扯破皮肤，应顺着羽绒拔取，勿要逆方向进行。在拔取翅毛和腿毛时，要随关节转动，防止掰断翅骨或腿骨，影响产品质量。

另外，浸烫的水要保持卫生并按时换水，每天上下午各换水1次；除此之外，还要注意每天工作结束后彻底清洗浸烫槽1次，以方便第二天使用。

（3）打毛：目前，成规模的屠宰场都采用机械拔毛，也称为打毛，这样，可以同时为数只鸭拔毛，大大提高了拔毛的效率。拔毛要结合两种打毛机才能达到效果，一种是打头脖机；另一种是卧式打毛机。先用打头脖机将鸭的头与脖子打一遍，然后再用卧式打毛机将鸭的全身打一遍，这样，就可以将鸭体表的毛拔掉。两个机器原理上是一样的，都是利用转轮上边的打毛指拍打鸭子从而把毛打掉。在打毛的过程中要及时更换破损的打毛指，以保证打毛效果。

打完毛之后，要由专人将鸭身上的毛择干净，然后再放入清洗池中清洗一下，才能进入下一个程序。

（4）3次浸蜡：鸭子在经过打毛以后，身上大部分的毛已经脱落，但是，仍然有一小部分毛还存留在鸭体上，为了使鸭体表的毛脱落得更干净，可以借助食用蜡对鸭体进行更彻底的脱毛。在这之前，要先用小木棍将鸭的鼻孔堵上，以免进蜡。

通常将浸蜡槽的温度调整在75℃左右。当鸭子经过浸蜡池时，全身都会沾满了蜡液，在快速通过浸蜡后，还要经过冷却槽及时冷却，冷却水温在25℃以下，这样，才能在鸭体表结成一个完整的蜡壳，然后再通过人工剥蜡，最终使鸭体表小毛进一步减少。每只鸭子都要经过3次浸蜡、3次冷却、3次剥蜡，才能达到最终的脱毛效果。

在这个过程中要保证浸蜡槽温度的稳定，避免温度过高或过低，如果温度太高，就会使得鸭体表的蜡壳过薄，导致脱毛效果变差，严重者还会导致鸭体被烫坏，而温度过低，蜡壳过厚，脱毛效果也会变差。所以，一定要引起重视。

另外，为了不浪费原料，剥下来的蜡壳还可以放在旁边的溶蜡池里融化后继续使用。在最后一次冷却完毕后，要及时将鸭鼻孔上的木棍取下来，然后再进入下一道工序。

（5）拔鸭舌：浸蜡过程完毕后，要拔鸭舌。这里采用尖嘴钳。尖嘴钳在使用前要先经过消毒处理。只要用尖嘴钳夹住鸭舌，然后向外拔出即可。拔下来的鸭舌要放入专门的容器里存放。

（6）拔小毛：经过打毛和3次浸蜡后，鸭体表的毛看似已经完全脱落，但体表深处的一些小毛仍然没有脱掉，这时候就要借助人工拔毛。拔小毛使用的工具主要是镊子。这个操作一般在水槽中进行。因为只有在水里，鸭体上的小毛才会立起来，看得更清楚。

首先，用小刀将鸭嘴上的皮刮掉，然后，按照从头到尾的顺序小心地用镊子将鸭体表残留的小毛摘除干净。这个过程看似简单，但需要有足够的细心和耐心，拔毛的时候要注意千万不可损伤到鸭体，否则容易细菌感染。万一有破损的鸭体，要将其放在一旁，最后再单独处理。

（7）验毛：拔完小毛的鸭子要进行检验，如果发现有少量的毛还没有拔干净，要再重新返工，直到鸭体上的小毛全部拔干净为止。毛净度检验合格后要及时将鸭子挂上掏膛链条进行下一个步骤。

（8）胴体的外部检查：依据体表状态，放血程度来判定加工质量和卫生状况。放血良好，浸烫适宜的健康肉尸，皮肤完整为白色或淡黄色，富有光泽，看不到皮下血管。否则皮肤是红色，皮下血管充血，影响质量。在检查肉尸的同时要注意体表有无肿瘤、寄生虫及传染的病变和天然孔的变化情况。

（9）开膛取内脏：开膛取内脏是分离胴体与内脏产品的过程，也是分别采集胴体与内脏各类产品的过程。目前有3种开口方法：一是腹部开口取脏法；二是翅下开口取脏法；三是背部开口取脏法。

①腹部开口法：是一种较为普遍采用的方法，操作人员将鸭体背向下腹向上放在平台（或案板）上，用刀从腹部的

中线肛门边开口（勿割破肛门及肠管），然后沿腹中线向上延伸8厘米左右，将腹肌割透，用手掰开取出内脏。

②翅下开口法：操作人员将屠体腹向下放在平台上，将屠体的右翅翻起，在右翅下用尖刀在肋下垂直下刀，切口深3厘米左右，顺肋延伸8厘米左右，形成月牙形开口，在月牙下推断左右两根肋骨，用食指深入内腔摘取内脏。

③背部开口法：以最后胸椎为起点，沿背中线向后到尾根部切开皮肤肌肉及骨骼，然后从起点再从左右最后一根肋各延伸8厘米左右，形成“T”形开口，掰开首先取出肝脏，再取其他内脏。此法要特别注意的是，用快尖刀千万小心勿将内脏刺破，尤其要注意肝脏完好无损。

摘取内脏所采用的方法应依据产品用途及销售的要求而定。但不论采用何种方法，均应注意保持产品的完整无损，特别是在开口的过程中要掌握好分寸，严防损伤内脏。

（10）宰后检验：拉肠后的鸭由专职卫检人员进行宰后检验，剔除不合格的次品，将出口商品按出口标准进行分级。

（11）切爪：掏完膛以后要进行切爪操作。切爪用的刀必须经过消毒以后才能使用。用刀沿着鸭腿跗关节处切开，然后把切掉的鸭爪放到专门的容器里。

（12）整形：先用冷水洗净体内残留的破碎内脏和血液，然后放入冷水中浸泡4～5小时，以浸出体内血液，使肌肉洁白，同时迅速降低屠体温度，最大限度减少细菌污染。然后取出鸭体，挂起，沥去水分（一般沥水1～2小时）。

整形时，将鸭放在桌上，背部向下，腹部朝上，头向里，尾向外，以手掌用力压扁三叉骨，使鸭体呈长方形，鸭体方正，肥大，好看。

2. 加工注意事项

胴体红斑、次斑、皮下溃疡、破皮等都影响着冻鸭的分等分级和销售价格，因此在肉用鸭饲养和加工中应注意以下几点。

（1）在出栏肉用鸭时，每次赶鸭只数不超过 200 只，不得一次赶鸭太多，严禁用脚踢和用硬器赶及用手摔，以免造成鸭体伤痕。

（2）装卸时，一只手只能抓一只鸭子，过多易造成肉用鸭红须。同时要轻抓轻放，以防鸭体受伤。

（3）点刀部位要准，一刀点准避免红颈、红头、红身。

（4）浸烫温度一般控制在 60～65℃，浸烫时间 2～3 分钟，如浸烫温度过高或浸烫时间过长容易造成破皮。

（5）在打毛过程中，应根据当日鸭子大小及时调整打毛机间隙，以防间隙过大打不干净，过小易造成破皮及断翅等现象，严禁二次打毛。

（6）小毛加工中，应严格按小毛要求操作，严禁人为拔毛造成破皮等。

3. 白条鸭整理加工

冻鸭的加工，一般对开膛、拉肠后的白条鸭，需在冷却间保持温度为 0～4℃，相对湿度在 85%左右，1～2 小时的预冷（也称冷却）达到鸭体表面水分蒸发，形成一层干燥膜，防止微生物的侵入和繁殖，并有利于提高冻结效率和好的商品质量。在冷却期间一般是挂在吊钩上，往往易引起变形，应在冷却过程中进行一次整形，整形时要将两翅反折再将腿弯曲贴紧鸭体，双脚趾蹼分开贴平，使其保持外形丰满美观，然后装盘或装袋。装袋时，鸭的腹部朝上，背部向下，通常是每6只白条鸭装为一箱（袋）。

经过冷却的鸭肉要长期保藏或远途运输，必须加以冷冻，放入温度在－25℃以下，相对湿度为90％左右的速冻间，速冻不超过48小时。经测试肉温达到－15℃以下，才能防止肉质干枯和变黄的现象发生，保证肉的质量不受影响，在保管期内进行冷藏。

**(三) 分割肉的加工**

屠宰工序全部结束后，接下来还需要进行一系列的加工工艺。若分割出售则进入分割工艺，下面主要介绍胴体分割及副产品加工。

1. 鸭体分割要求

鸭肉的分割必须注意的是质量与效益的问题，在质量上分割鸭主要是将一只鸭按部位分割下来，如果不按照操作要求和工艺要求，就会影响产品规格、卫生以及产品质量。为了提高产品质量，达到最佳经济效益，必须做到以下几点：

（1）熟练掌握鸭分割的各道工序。

（2）下刀部位要准确，刀口要干净利索。

（3）按部位包装，斤量准确。

（4）清洗干净，防止血污、粪污以及其他污染。

2. 鸭肉的分割方法

我国对鸭胴体分割主要是按照分割后的加工顺序对肉鸭胴体进行分割去骨，通常分为鸭头、鸭脖、鸭翅、鸭爪等。

在分割的过程中，分割加工用具、手、案板、案台等要严格按规定进行清洗消毒；同时要避免产品堆积；对于落地的半成品、成品必须经过严格的清洗消毒处理。整个分割车间的温度应保持在15℃以下。

（1）取爪：用尖刀分别在跗关节处取下左、右爪，要求刀口平直，整齐。

（2）取翅：用尖刀分别在肩关节处卸下左、右翅，要求刀口平直、整齐。

（3）取头：在下颌后环椎处，平直斩下鸭头，要求去除嘴角皮。

（4）取颈：在颈椎基部与肩的接合处平直斩下颈部，去掉皮下的食管、气管及颈胸处的淋巴结。

（5）取胸：在胸骨后端剑状软骨处下刀，沿着肋骨与胸骨的连接处，分别从左、右两侧使其分离，直到前方与喙骨分离，取下整个胸肌及胸骨。

（6）取腿：可在左侧腿与躯体的连接处用刀在髋关节处取下左腿，再用同样的方法取下右腿。

（7）修整：将分割好的鸭块进行修整，用干净的毛巾擦去血水，去掉碎骨，修净伤斑、结缔组织、杂质等。

3. 整理加工

副产品加工主要是对掏出的心、肝、胗、肠等内脏及爪、舌等副产品按照加工要求，分别进行加工。

（1）鸭肉：鸭的分割包装，国内采用的主要是无毒的聚乙烯塑料薄膜制成的塑料袋，少数要求较高的使用复合薄膜包装袋包装；国外由于包装材料比较便宜，常采用复合薄膜进行包装。对于包装的要求，主要是对包装材料的有毒与否的要求。

（2）鸭头：去毛，去嘴角皮，水洗口腔，擦干。

（3）鸭脖：去毛，去斑痕和杂质，清除残留食管和气管，水洗，擦干。

（4）鸭翅：鸭翅不需要冲洗，取下来后只要用布擦干净就可以了。

（5）鸭爪：鸭爪取下来后，要将鸭掌上边的那层皮剥掉，然后用水洗干净就可以直接码入成品盒了。

（6）鸭舌：鸭舌是身体上最贵的一部分。只需要把上边的一段气管剪掉，然后冲洗干净即可。

（7）鸭胗（肫）：取下来之后，首先用刀从中间割开，将里边的食料掏出来，用水洗干净后，再用小刀将表层黄色的皮刮去，最后把上边的油剥下来，冲洗干净即可。但在开刀摘除内容物和角质膜时，应横着开口保持两个肌肉块的完整，提高利用价值，最好是单独包装出售。

（8）鸭肝：去胆，修整（即胆部位和结缔组织），擦干血水。一般将摘胆后的肝放入白条腹腔内，随白条速冻冷藏，也可单独出售。如不慎胆囊破裂，立即用水冲洗鸭肝上的胆汁。鸭肝在包装前不需要用水冲洗，以防变颜色。只需要用干净的布将其擦干净即可。

（9）鸭心：要清洗干净，去掉心内余血。若单独出售应单独包装，速冻冷藏；若随半净膛白条出售，清洗后放入腹腔内，随白条速冻冷藏。

（10）鸭肠：去掉肛门、脂肪和结缔组织，划肠，去掉内容物、盲肠和胰脏，水洗，去伤斑和杂质，晾干。整理鸭肠应去掉肠油，并将内外冲洗干净，单独包装，速冻冷藏。鸭肠过去是废物，现在经加工处理后售价比鸭肉还高。

（11）鸭腰：鸭腰可单独出售。

（12）鸭内金：取出后晒干可药用。

（13）其他副产物：胆和胰脏冲洗干净单独包装，可供制药厂加工药用物质，其利润为鸭本身价值的几十倍，甚至上百倍。其他物可收集到一起，供饲料加工厂加工饲料。

4．冷冻贮藏

（1）预冷：鸭产品的贮藏一般要经过预冷、冻结和冷藏3个过程。冷却设备一般采用冷风机降温，室内温度控制在0～4℃，相对湿度为80％～85％，经过几个小时的冷却，鸭产品内部的温度降至30℃左右时，则预冷阶段即可结束。

（2）冻结：分割好的鸭体，应当分类，用无毒的包装容器包装好，按要求进行大件外包装，急冻库温要控制在－25℃，在72小时以内，要使分割后的鸭肉中心温度降至－15℃，贮存的冷藏库应控制在－18℃左右，分割鸭的肉温要控制在－15℃以下。

（3）冷藏：冻结后的鸭产品，如果是需要较长期保存的，应当及时送入冷藏间保存，冷藏库和各种用具应经常保持清洁卫生。库内要求无污垢、无霉菌、无异味、无鼠害、无垃圾，以免污染冷冻的鸭产品。进入冷藏间的冻鸭产品，都应保持良好的质量，凡发现变质的、有异味的和没经过检验合格的鸭产品都不得放入，库内有包装的和没有包装的冻鸭产品应当分别堆放。要注意安全，合理安排，充分利用库房。同时，要求堆与堆之间、堆与冷排管之间保持一定的距离，最底层要用木材垫起，堆放要整齐，便于盘查，有利于执行先进先出的原则，以保证鸭肉产品的质量。

进入冷藏间的冻鸭产品要掌握贮存安全期限，定期进行质量检查，发现有变质、酸败、脂肪黄变等现象，应及时迅速加以处理，冻鸭的安全储存期，鸭肉在－6℃时可保藏2.5个月，－8℃时为3.5个月，－10℃时为4个月，－12℃时为5个月，－15℃时为7个月，－18℃时为10个月。另外，在保藏冻肉时，仓库内的空气要良好，要有一定风速的微风。相对湿度应为87％～92％，以防肉质干缩。胴体在出售前仍需要保存在－8～－12℃。

产品经过称重、包装，分级，冷藏，保鲜后就可以出厂了。

**（四）鸭血加工**

鸭血制品以其柔嫩爽滑的口感，富含铁、钙、锌、维生素，逐渐成为大众喜爱的佐餐食品。鸭血有多种用途，因其容易腐败变质，应按用途及时处理。如食用，在采集血液过程中应加入适量食盐，屠宰后应及时加工，可加工或血豆腐或血肠，供食用。如果是用于制药工业，屠宰后应及时送制药厂加工。如果是用于饲料加工，应立即晾干或烘干供加工饲料之用。

1. 鸭血的收集

现代化的屠宰加工厂一般都用泵和管道来收集运送鸭血。即将装在沥血槽低端处的涡轮系将鸭血直接打入较大的贮血器，再采用自流或泵打两种方式将贮血器里的血输入罐车，送往鸭血所需的部门。贮血器容积的大小，根据生产规模和鸭血的运送次数而设计，一般禽血量约为活禽重的4.5％。

2. 盒装鸭血豆腐

（1）工艺流程：采血→过滤→脱气→配料→装盒→凝

固→灭菌→检验→成品入库。

（2）操作要点

①采血：食用血必须来自健康鸭群，在收血容器中加适量清水，水中加食盐，盐量约为水量的20%，待盐溶化后，即可将鲜禽血接入，约为水的2倍。

②过滤和脱气：降温后的血液经过20目筛过滤，除去凝块，放入脱气罐进行真空脱气。脱气温度40℃，真空度0.08～0.09兆帕，时间约5分钟。

③配料装盒：向脱气后的鸭血中加入凝血因子活化剂（依说明书加入），搅拌均匀并快速装入盒内，使之在15分钟内自然凝固。

④封盒：鸭血在盒中凝固后，将盒边缘沾有的鸭血擦干净，即可用热封机封盒。

⑤灭菌：待水沸腾，水温升至121℃，水浴杀菌15～30秒。

⑥检验：灭菌后的产品经检验无破损、无漏气、无变形，方可入库。

该产品卫生、安全，销售过程无污染。夏季常温下保质期15天，冬季保质期30天。

3. 鸭血粉饲料

鸭血液中含有多种营养和生物活性物质，如蛋白质、氨基酸、各种酶类、维生素、激素、矿物质、糖类和脂类。鸭血液中营养物质不仅种类齐全，而且有些营养物质的含量很丰富，甚至超过进口鱼粉，如粗蛋白含量为84.7%，超过所有动物性蛋白质饲料，其中，赖氨酸、亮氨酸、缬氨酸含量很高，分别是进口鱼粉中同类氨基酸含量的1.79、2.65、

2.79倍，含铁量为进口鱼粉的13倍。由此可见，血粉潜在的营养价值很高，具有很大的开发利用价值，下面介绍3种简单易行的方法。

（1）工艺流程：鲜血→拌入孔性载体→干燥→成品。

（2）操作要点

①吸附法：将1～2倍于血量的麸皮（米糠或饼粕粉）与血混合，搅拌均匀后摊晒于水泥地上，勤翻动，一般经4～6小时可晒干，然后粉碎即可。用麸皮或米糠制成的血粉含粗蛋白30%～35%，用饼粕粉制成的血粉含粗蛋白45%～50%。载体血粉在猪日粮中使用量不宜超过5%，在鸭日粮中一般用3%左右。

②蒸煮法：可用大豆磨成粉做载体，加工方法基本同上，但在制作时要把血豆粉做成块状，蒸20分钟，待其凉后搓成细条晾干，再粉碎。血豆粉含粗蛋白47%左右。用血豆粉喂雏鸭用量不宜超过日粮的3%，喂青年鸭可全部代替鱼粉，喂蛋鸭可部分或全部代替鱼粉。

③晒干法：把鲜血倒入锅内，加入相当于血量1%～1.5%的生石灰，煮熟使之形成松脆的团块，捞出团块切成5～6厘米的小块，摊放在水泥地上晒干至呈棕褐色，再用粉碎机粉碎成粉末状，即成血粉。此血粉用来喂肉鸭一般占日粮的3%，喂产蛋鸭占日粮的2%～3%。如果在血粉中加入0.2%丙酸钙，并将装血粉用的口袋在2%丙酸钙水溶液中浸泡，晒干后再装血粉，可以起到较好的防霉作用。

### 4. 鸭血提取混合氨基酸

混合氨基酸为白色晶体，熔点高，易溶于酸、碱溶液，难溶于水、乙醇、乙醚等有机溶剂，具有氨基酸的所有性质。可用于食品、医药、饲料等方面。可作固体食品添加剂，亦可作液体食品添加剂。

（1）生产设备、仪器及药品：搅拌机、真空干燥机、水浴锅、pH计、温度计、盐酸、氢氧化钠、纯氨水、无水乙醇、活性炭。

（2）工艺流程：鸭血→水解→中和→过滤→干燥→制成粗品→酸溶→中和→脱色→滤取晶体→冲洗→干燥→制成混合氨基酸精品。

（3）操作要点：取新鲜鸭血，搅拌下加入3倍量的6摩尔/升盐酸，用盐浴加热至110℃，保温密封水解24小时，趁热过滤，搅拌下用30％氢氧化钠中和至pH＝3.5，于10℃静置36小时，过滤，用清水冲洗3次，抽干，于60℃真空干燥，得混合氨基酸粗品。将粗品用2摩尔/升化学纯盐酸溶解，用纯氨水中和至pH＝3.5，加入总液量1％的活性炭，用水浴加热至80℃，保温搅拌30分钟，趁热过滤，将滤液于10℃静置24小时，滤取晶体，母液用水浴浓缩至原体积的一半，冷却至10℃，静置12小时，滤取晶体。合并两次晶体，用无水乙醇冲洗两次，抽干，于60℃真空干燥，得混合氨基酸精品。

（4）注意事项

①乙醇是易挥发、易燃性化学药品，在操作过程中应通风、避明火，注意安全操作。盐酸和氢氧化钠等为强酸强碱，操作时应穿戴防护衣、手套和口罩等，防止酸碱液灼伤。废液的处理与排放必须遵照国家有关规定，防止对环境造成污染。

②若生产的成品提供药用或食品加工，必须通过国家有

关部门批准，办理有关手续。加工业主须有卫生许可证、从业人员须定期进行健康检查。所用药品必须选用化学纯级，产品质量必须符合卫生部颁布的食用及药用标准。

**（五）羽毛处理和利用**

鸭的羽毛上附着有大量病原微生物，如果不经加工处理而随地抛撒，则有可能造成疾病的四处传播。羽毛中蛋白质含量高达 85%，其中主要是角蛋白，其性质极其稳定，一般不溶于水、盐溶液及稀酸、碱，即使把羽毛磨成粉末，动物肠胃中的蛋白酶也很难对其进行分解和消化。

1. 羽毛的收集

羽毛收集方法大体可分人工法、输送带法和水流管泵法。第一种人工收集法即是一种用耙子将拔毛机下面随意掉在地上的羽毛耙集在一起，再装入筐；第二种是拔下的羽毛靠装在拔毛机下的斜挡板和拔毛时游下的水将羽毛自行汇集；第三种方法是水流管泵集羽法，此法以长的明沟代替第二种集羽法的输送带，拔下的羽毛掉落到明沟里，随快速流动的水入流水池。快速流动的水源由水泵提供，然后由羽毛输送泵将池内的羽毛和水送到分离机，分离出羽毛。而分离后的水仍可流入水泵地，被重复利用。由于快速流动的水可将羽毛带得较远的地方，汇集羽毛和大池以及水泵也都可设置在加工车间的外面。由于开了明沟，脱毛车间的地面清洗方便，从而保证环境卫生达到要求。一般现代化的鸭屠宰加工厂均用此集法。

2. 羽绒的初步加工

在一般情况下，羽绒加工有两种程序：一是水洗羽绒加工程序；二是不经水洗的羽绒加工程序。

（1）水洗羽绒加工程序：羽绒原料的质量检验→洗涤→甩干烘干→分选→质量检验。

（2）羽绒原料的质量检验：羽绒原料在加工前必须进行质量检验。因为加工前已知这批羽绒加工后的用途及质量要求，检验原料就能得知原料的质量，做到心中有数，并且，依据加工过程中各环节绒的损失率及羽绒的清洁度，可确定加工方法和投入原料的数量，以便达到或接近加工后的质量要求。这样，就可减少加工中的盲目性，以便提高加工质量，降低加工成本，提高加工中的经济效益。原料的质量检验，要按照羽绒质量检验程序和方法进行。

（3）洗涤：将质检后的原料放入水洗机，加入适量适温中性热清水和适量中性洗涤剂，将羽绒洗涤干净，达到所需求的清洁度标准。

（4）甩干与烘干：甩干与烘干就是去掉洗涤后羽绒中的多余水分，使羽绒干燥蓬松、易于分选。这一加工过程，在一般情况下是先用甩干机进行甩干，再进入烘干机进行烘干。

（5）分选：将干燥、蓬松和羽绒原料送入分选机内，控制分选机的风力，把绒子和大、中、小毛片分开，落入不同的集毛箱内。

（6）质量检验：羽绒原料加工后的质量检验是必不可少的程序。检验不仅是验证加工后的羽绒是否达到要求，而且也是检验各加工过程中所采用的方法是否得当及绒子的损失率是否合理，以便总结经验提高加工技术水平，降低加工成本，提高效益。更主要的是得知各箱羽绒含绒率，可选择不同的用途，提高羽绒的综合利用率，增加经济收入。一般羽绒分选机是四箱（也有两箱的），每箱均要检验含绒率，含绒率最高一箱应全面质量检验。

（7）包装：将拼堆后的羽绒采样复检，若合乎标准，则倒入打包机内打包（每包重约165千克），然后取出缝好包头、编号、过秤即为成品。

（8）羽绒的贮存：羽绒若暂不出售，须放在干燥、通风的库房内贮藏，库房地面放置木垫，可以增加防潮效果。由于羽绒不易散失热量，保温性能好，且主要是蛋白质，易结块、虫蛀、发霉，特别是白鸭绒受潮发热，会使羽色变黄影响质量。因此，贮藏羽绒期间必须严格防潮、防霉、防热、防虫蛀，定期检查毛样，如发现异常，要及时采取改进措施。受潮的及时晾晒，受热的及时通风，发霉的及时烘干，虫蛀的及时杀虫。不同色泽的羽绒、片羽和绒羽，要分别标志，分区存放，以免混淆。当贮藏到一定数量和一定时间后，应尽快出售或加工处理。

（9）不经水洗的羽绒加工程序：羽绒原料的质量检验→除尘→分选→质量检验。这个加工程序与水洗羽绒加工程序相同的部分按水洗羽绒程序进行。除尘是将羽绒放入除灰机内，除去羽绒的杂质，达到标准要求。

3. 羽毛的加工处理

对羽毛的处理关键是破坏角蛋白稳定的空间结构，使之转变成能被畜禽所消化吸收的可溶性蛋白质。

（1）高温高压水煮法：将羽毛洗净、晾干，置于120℃、450～500千帕条件下用水煮30分钟，过滤、烘干后粉碎成粉。此法生产的产品质量好，试验证明该产品的胃蛋白酶消化率达90%以上。

（2）酶处理法：从土壤中分离的旨氏链霉菌、细黄链霉菌及从人体和哺乳动物皮肤分离的真菌——粒状发癣菌，均可产生能迅速分解角蛋白的蛋白酶。其处理方法为：羽毛先置于 pH>12 的条件下，用旨氏链霉菌等分泌的嗜碱性蛋白酶进行预处理。然后，加入 1～2 毫克/升盐酸，在温度 119～132℃、压力 98～2156 千帕的条件下分解 3～5 小时，经分离浓缩后，得到一种具有良好适口性的糊状浓缩饲料。

（3）酸水解法：其加工方法是将瓦罐中的 6～10 毫克/升盐酸加热至 80～100℃，随即将已除杂的洁净羽毛迅速投入瓦罐内，盖严罐盖，升温至 110～120℃，溶解 2 小时，使羽毛角蛋白的双硫键断裂，将羽毛蛋白分解成单个氨基酸分子，再将上述羽毛水解液抽入瓷缸中，徐徐加入 9 毫克/升氨水，并以 45 转/分钟的速度进行搅拌，使溶液 pH 值中和至 6.5～6.8。最后，在已中和的水解液中加入麸皮、血粉、米糠等吸附剂。当吸附剂含水率达 50% 左右时，用 55～56℃的温度烘干，并粉碎成粉，即成产品。但加工过程会破坏一部分氨基酸，使粗蛋白含量减少。

（4）微生物法：这是一种好氧杆菌，可以在仅有羽毛作为碳原的培养基中生存。将羽毛放入接种有这种细菌的培养基后，经 3～5 天就可完全分解。在分解过程中，降解菌的数量增加很少，而羽毛则经过酶的水解而变成可溶性蛋白质及游离氨基酸。他们已开发出一套以这种细菌为核心的鸭场废弃物消化体系，不但可以处理羽毛，也可处理鸭等废弃物。利用这种羽毛分解物饲喂肉鸭（添加适量赖氨酸、蛋氨酸和组氨酸），其效果与大豆蛋白型口粮相同，而价格更便宜。

4. 羽毛蛋白饲料的利用

(1) 肉用鸭饲料：国内外大量试验和多年饲养实践表明，在雏鸭和成鸭口粮中配合2%～4%的羽毛粉是可行的。

(2) 猪饲料：研究表明，羽毛粉可代替猪口粮中5%～6%的豆饼或国产鱼粉。在二元杂交猪口粮中加入羽毛蛋白饲料5%～6%，与等量国产鱼粉相比，经济效益提高16.9%。若配比过高，则不利于猪的生长。

(3) 毛皮动物饲料：胱氨酸是毛皮动物不可缺少的一种氨基酸，而羽毛蛋白饲料中胱氨酸含量高达4.65%，故羽毛蛋白是毛皮动物饲料的一种理想的胱氨酸补充剂。

## 第二节　出栏后的消毒

无论是“两段式”养殖的鸭舍，还是“一段式”养殖的鸭舍，鸭只出舍后必须及时移出鸭舍内料桶、饮水器等用具，喷雾后彻底清除鸭粪及各种垃圾，空出鸭舍并清扫鸭舍周围的环境，做到无鸭粪、无垃圾，以确保上一批商品鸭不对下一批商品鸭造成健康和生产性能上的影响，并保证足够的空舍时间。

1. 清理鸭舍

所有可移动的设备和设施，如饮水器、料槽、料桶、供暖设备、各项工具等，应从鸭舍内移出，同时将鸭舍剩余药品回收入库后，进行熏蒸消毒。

拆走或防护好温控器、温度计、电压调节器、风机、电机、刮粪机电机、电灯泡、加药器、喷雾管喷头、配电盘等不宜或不能冲洗消毒的物品，由专人进行除尘维护保养、冲刷防护以及熏蒸消毒等，并放入指定的库房隔离保管。

2. 鸭舍、设备灰尘、粪便的清理

所有的灰尘、碎屑和蜘蛛网必须从鸭舍内各处用扫帚扫掉。

清除鸭舍内所有的粪便、碎屑、料槽内的剩料等，移出到粪场并要防护好，以免污染场区；每清完一栋鸭舍都要安排人员铲刮养殖网上、鸭舍边角以及其他表面所积累的粪便，并将该栋残留的鸭粪认真清扫干净。

3. 清洗鸭舍

首先断开鸭舍内所有电器设备的开关，浸泡残留在鸭舍和设备上的灰尘和碎屑，浸泡好后使用高压水枪冲刷，在冲刷过程中，应迅速把鸭舍内剩余的水排净。应特别注意鸭舍内屋梁的顶部、墙壁、粪池内外侧墙壁、粪池地面、板条、供暖设备、下水道及口、风机框、百叶窗、风机轴、风机扇叶、各种支架、水管、喷雾管的冲刷。

移到鸭舍外的部分设备也必须浸泡和冲刷，无法进行的可擦拭消毒，在设备冲刷干净后，设备尽可能在有遮盖物的条件下储存。

鸭舍外面也必须冲刷干净并注意进气口、暖风机房、工作间、饲料间、排水沟、水泥路面等部分的冲刷。

场区粪场的冲刷标准必须和鸭舍的一样。凡在场区的所有附属设施，如办公室、餐厅、伙房、宿舍、洗衣房、浴室、厕所、蛋库、料库、锅炉房、车棚、熏蒸间、熏蒸箱等，都要彻底冲刷干净，同时，还应将各个地方的地漏、沉淀池等清理干净。

鸭舍清理、冲刷的质量直接影响消毒质量，检查人员应仔细、全面的观察，不能放掉任一个细节、任何一个疑点。

4. 检修工作

维修鸭舍设备、修补网床、检修电路和供热设备。设备至少能保证再养一批鸭，否则应予以更换，损坏的灯泡全部换好。

5. 治理环境

清除舍外排水沟杂物；清除鸭舍四周杂草；做到排水畅通，不影响通风。修理道路和清扫厂区，做到无鸭粪、羽毛、垃圾。

6. 鸭舍准备消毒

把设备和用具搬进鸭舍，关闭门窗和通风孔。要求做到封闭严密不漏风，并准备好消毒设备及药物。

7. 鸭舍消毒

喷洒消毒，消毒后10小时后通风，通风后3～4小时后关闭门窗。鸭舍所有表面、顶棚、墙壁、网床选用高效、无腐蚀性的消毒药，按说明书比例配置后进行消毒。地面选用3％热火碱水喷洒或撒生石灰。

8. 安装调试

安装并调试因冲洗需要而拆卸的设备和其他短时间使用设备，如温控器、电压调节器、风机、电机、电灯泡、加药器、育雏伞等。仔细观察各种设备是否已完成维护、保养并进行彻底消毒，安装是否正确，同时数目是否准确等。

9. 熏蒸消毒

按进雏前准备工作中鸭舍的清理与消毒方法重新清理消毒，该批鸭出栏至下批鸭进鸭间隔时间不少于14天。

## 第三节 做好记录工作

饲养记录主要用来分析鸭群生长发育状况，每批鸭出栏后都可以总结一下成功与不足。如果不做记录，有许多成功、失误不易及时发现，在后来的饲养中还会处于茫然不知状态。另外，在鸭群出现异常时应请兽医或技术员前来诊治，饲养记录可以提供鸭群耗料情况、死亡情况、用药状况，会得到更有效的治疗。

建立生产记录档案，包括进雏日期、进雏数量、雏鸭来源，饲养员；每日的生产记录包括日期、肉用鸭日龄、死亡数、死亡原因、存栏数、温度、湿度、免疫记录、消毒记录、用药记录、喂料量、鸭群健康状况，出售日期，数量和购买单位。记录应保存两年以上。

（1）每日记录实际存栏数、死淘数、耗料数，记录死淘鸭的症状和剖检所见。

（2）每日6：00、14：00记录鸭舍的温度和湿度。

（3）记录每周末体重及饲料更换情况。

（4）认真填写消毒、免疫及用药情况。

（5）必须认真记录的特殊事故

①控温失误造成的意外事故。

②鸭群的大批死亡或异常状况。

③误用药物。

④环境突变造成的事故等。

⑤记录表格：常见记录表格见表6-1、表6-2、表6-3。

**表6-1　肉用鸭饲养记录**

进雏时间：　　　　数量：　　　　购雏种鸭场：

| 周龄 | 日期 | 日龄 | 死淘（只） | 温度（上/下午） | 湿度（上/下午） | 料号 | 日耗料 | 备注 |
|---|---|---|---|---|---|---|---|---|
| | | | | | | | | |
| | | | | | | | | |
| | | | | | | | | |
| | | | | | | | | |
| | | | | | | | | |
| 小计 | | | | | | | | |

注：每日6：00、14：00时记录温度、湿度，每日记录死淘、实存、料号、日耗料情况。在备注栏中记录死淘鸭的症状表现和剖检情况，记录每周最后一天19：00随机抽样2%的称重，饲料更换及其他特殊情况。

**表6-2　免疫记录**

| 日龄 | 日期 | 疫苗名称 | 生产厂家 | 批号、有效期限 | 免疫方法 | 剂量 | 备注 |
|---|---|---|---|---|---|---|---|
| | | | | | | | |
| | | | | | | | |
| | | | | | | | |
| | | | | | | | |

表 6-3　用药记录

| 日龄 | 日期 | 药名 | 生产厂家 | 剂量 | 用途 | 用法 | 备注 |
| --- | --- | --- | --- | --- | --- | --- | --- |
| | | | | | | | |
| | | | | | | | |
| | | | | | | | |
| | | | | | | | |

注：必须按技术员指导用药，防止出现药残问题。

# 附录　无公害食品
# ——家禽养殖生产管理规范

（NY/T5038-2006）

本标准代替 NY/T5038-2001《无公害食品　肉鸡饲养管理准则》、NY/T5043-2001《无公害食品　蛋鸡饲养管理准则》、NY/T5261-2004《无公害食品　蛋鸭饲养管理技术规范》、NY/T5264-2004《无公害食品　肉鸭饲养管理技术规范》、NY/T5267-2004《无公害食品　鹅饲养管理技术规范》。

本标准由中华人民共和国农业部提出并归口。

本标准起草单位：农业部农产品质量安全中心、中国农业科学院畜牧研究所。

本标准主要起草人：侯水生、丁保华、樊红平、廖超子、康萍、谢明、黄苇、刘继红、陈思。

1. 范围

本标准规定了家禽无公害养殖生产环境要求、引种、人员、饲养管理、疫病防治、产品检疫、检测、运输及生产记录。

本标准适用于家禽无公害养殖生产的饲养管理。

2. 规范性引用文件

下列文件中的条款通过本标准的引用而成为本标准的条款。凡是注日期的引用文件，其随后所有的修改单（不包括勘误的内容）或修订版均不适用于本标准，然而，鼓励根据本标准达成协议的各方研究是否可使用这些文件的最新版本。凡是不注日期的引用文件，其最新版本适用于本标准。

GB16548　畜禽病害肉尸及其产品无害化处理规程

GB16549　畜禽产地检疫规范

GB18596　畜禽养殖业污染物排放标准

NY/T388　畜禽场环境质量标准

NY5027　无公害食品畜禽饮用水水质

NY5039　无公害食品鲜禽蛋

NY5339　无公害食品畜禽饲养兽医防疫准则

NY5030　无公害食品畜禽饲养兽药使用准则

NY5032　无公害食品畜禽饲料和饲料添加剂使用准则

3. 术语和定义

下列术语和定义适用于本标准。

3.1　全进全出

同一家禽舍或同一家禽场的同一段时期内只饲养同一批次的家禽，同时进场、同时出场的管理制度。

3.2　净道

供家禽群体周转、人员进出、运送饲料的专用道路。

3.3　污道

粪便和病死、淘汰家禽出场的道路。

3.4　家禽场废弃物

主要包括家禽粪（尿）、垫料、病死家禽和孵化厂废弃物（蛋壳、死胚）、过期兽药、残余疫苗和疫苗瓶等。

4. 环境要求

4.1　环境质量

家禽场内环境质量应符合 NY/T388 的要求。

4.2　选址

4.2.1　家禽场选址宜在地势高燥、采光充足、排水良好、隔离条件好的区域。

4.2.2　家禽周围 3 千米内无大型化工厂、矿厂，距离其他畜牧场应至少 1 千米以外。

4.2.3　家禽场距离交通主干道、城市、村镇、居民点至少 1 千米以上。

4.2.4　禁止在生活饮用水水源保护区、风景名胜区、自然保护区的核心区及缓冲区、城市和城镇居民区、文教科研区、医疗区等人口集中地区，以及国家或地方法律、法规规定需特殊保护的其他区域内修建禽舍。

4.3　布局、工艺要求及设施

4.3.1　家禽场分为生活区、办公区和生产区。生活区和办公区与生产区分离，且有明确标识。生活区和办公区位于生产区的上风向。养殖区域应位于污水、粪便和病、死禽处理区域的上风向。同时，生产区内污道与净道分离，不相交叉。

4.3.2　家禽场应设有相应的消毒设施、更衣室、兽医室及有效的病禽、污水及废弃物无公害化处理设施、禽舍地面和墙壁应便于清洗和消毒，耐磨损，耐酸碱。墙面不易脱落，耐磨损，不含有毒有害物质。

4.3.3　禽舍应具备良好的排水、通风换气、防虫及防鸟设施及相应的清洗消毒设施和设备。

5. 引种

5.1　雏禽应来源于具有种禽生产经营许可证的种禽场。

5.2　雏禽需经产地动物防疫检疫部门检疫合格，达到GB16549的要求。

5.3　同一栋家禽舍的所有家禽应来源于同一批次的家禽。

5.4　不得从禽病疫区引进雏禽。

5.5　运输工具运输前需进行清洗和消毒。

5.6　家禽场应有追溯程序，能追溯到家禽出生、孵化的家禽场。

6. 人员

6.1　对新参加工作及临时参加工作的人员需进行上岗卫生安全培训。定期对全体职工进行各种卫生规范、操作规程的培训。

6.2　生产人员和生产相关管理人员至少每年进行一次健康检查，新参加工作和临时参加工作的人员，应经过身体检查取得健康合格证方可上岗，并建立职工健康档案。

6.3　进入生产区必须穿工作服、工作鞋，戴工作帽，工作服等必须定期清洗和消毒。每次家禽周转完毕，所有参加周转人员的工作服应进行清洗和消毒。

6.4　各禽舍专人专职管理，禁止各禽舍人员随意走动。

7. 饲养管理

7.1　饲养方式

可采用地面平养、网上平养和笼养。地面平养应选择合适的垫料，垫料要求干燥、无霉变。

7.2　温度与湿度

雏禽1～2天时，舍内温度宜保持在32℃以上。随后，禽舍内的环境温度每周宜下降2～4℃，直至室温。禽舍内地面、垫料应保持干燥、清洁，相对湿度宜在40%～75%。

7.3　光照

7.3.1　肉用禽饲养期宜采用16～24小时光照，夜间弱光照明，光照强度为10～15勒克斯。

7.3.2　蛋用禽和种禽应依据不同生理阶段调节光照时间。1～3天雏禽内宜采用24小时光照。育雏和育成期的蛋用禽和种禽应根据日照长短制定恒定的光照时间，产蛋期的光照维持在14～17小时，禁止缩短光照时间。

7.3.3　禽舍内应备有应急灯。

7.4　饲养密度

家禽的饲养密度依据其品种、生理阶段和饲养方式的不同而有所差异，见表1。

表1　家禽饲养密度（只/平方米）

| 品种类型 | 饲养方式 | 育雏期 | 生长期 | 育成期 | 产蛋期 |
| --- | --- | --- | --- | --- | --- |
| | | 1～3周 | 4～8周 | 9周至5%产蛋率 | 产蛋率5%以上 |
| 快大型肉用禽品种 | 网上平养 | ≤20 | ≤6 | ≤5 | ≤4 |
| | 地面平养 | ≤15 | ≤4 | ≤4 | ≤3 |
| | 笼养 | ≤20 | ≤6 | ≤5 | ≤5 |
| 中小型肉用禽及蛋用禽品种 | 网上平养 | ≤25 | ≤12 | ≤8 | ≤8 |
| | 地面平养 | ≤20 | ≤8 | ≤6 | ≤5 |
| | 笼养 | ≤25 | ≤12 | ≤10 | ≤10 |

7.5　通风

在保证家禽对禽舍环境温度要求的同时，通风换气，使禽舍内空气质量符合 NY/T388 的要求。注意防治贼风和过堂风。

7.6　饮水

7.6.1　家禽的饮用水水质应符合 NY5027 的要求。

7.6.2　家禽采用自由饮水，每天清洗饮水设备，定期消毒。

7.7　饲料

家禽饲料品质应符合 NY5032 的要求。

7.8　灭鼠

经常灭鼠，注意不让鼠药污染饲料和饮水，残余鼠药应做无害化处理。

7.9　杀虫

定期采用高效低毒化学药物杀虫，防治昆虫传播疾病，避免杀虫剂喷洒到饮水、饲料、禽体和禽蛋中。

7.10　禽蛋收集

蛋箱或蛋托应在集蛋前消毒，集蛋人员在集蛋前应洗手消毒。收集的禽蛋应在消毒后保存。

7.11　家禽场废弃物处理

7.11.1　家禽场产生的污水应进行无公害化处理，排放水应达到 GB18596 规定的要求。

7.11.2　使用垫料的饲养场，家禽出栏后一次性清理垫料。清出的垫料和粪便应在固定的地点进行堆肥处理，也可采取其他有效的无害化处理措施。

7.11.3　病死家禽的处理按 GB16548 执行。

8. 疫病防治

8.1　防疫

坚持全进全出的饲养管理制度。同一养禽场不得同时饲养其他禽类。家禽防疫应符合 NY5339 的要求。

8.2　兽药

家禽使用的兽药应符合 NY5030 的要求。

9. 产品检疫、检测

9.1　肉禽出售前 4～8 小时应停喂饲料，但保证自由饮水。并按 GB16549 的规定进行产地检疫。

9.2　出售的禽蛋质量应符合 NY5039 的要求。

10. 运输

10.1　运输工具应利于家禽产品防护、消毒，并防治排泄物漏洒。运输前需进行清洗和消毒。

10.2　运输禽蛋车辆应使用封闭货车或集装箱，不得让禽蛋直接暴露在空气中运输。

11. 生产记录

建立生产记录档案，包括引种记录、培训记录、饲养管理记录、饲料及饲料添加剂采购和使用记录、禽蛋生产记录、废弃物记录、消毒记录、外来人员参观登记记录、兽药使用记录、免疫记录、病死或淘汰禽的尸体处理记录、禽蛋检测记录、活禽检疫记录及可追溯记录等。所有记录应在家禽出售活清群后保存 3 年以上。

# 参考文献


[1] 周中华，黄世仪．肉用鸭高效益饲养技术．北京：金盾出版社，2007

[2] 宁中华．肉用鸭快速饲养．北京：科学技术文献出版社，2001

[3] 李晓东，商展榕，张俊．肉用鸭．北京：中国农业大学出版社，2005

[4] 黄炎坤．养肉用鸭．郑州：中原农民出版社，2008

[5] 李昂．肉用鸭饲养．福州：福建科学技术出版社，2004

[6] 杨承忠．肉用鸭饲养关键技术．广州：广东科学技术出版社，2004

[7] 丁雷．肉用鸭生产技术指南．北京：中国农业大学出版社，2003

[8] 岳永生．肉用鸭养殖技术．北京：中国农业大学出版社，2003

[9] 蔡来长．肉用鸭饲养手册．广州：广东科学技术出版社，2005

[10] 黄仁录，赵国先．肉用鸭标准化生产技术．北京：中国农业大学出版社，2003

[11] 牛岩．肉用鸭快速饲养技术．郑州：河南科学技术出版社，2002

[12] 刘洪云．肉用鸭科学饲养诀窍．上海：上海科学技术文献出版社，2004

[13] 扶国才．肉用鸭饲养实用技术．南京：江苏科学技术出版社，1999

[14] 李昂．肉用鸭饲养一本通．福州：福建科学技术出版社，2006

[15] 施韶华，余茂昌．肉用鸭科学饲养新技术．北京：北京出版社，1999

[16] 黄炎坤，韩占兵．优质肉用鸭肉鹅饲养管理技术．郑州：中原农民出版社，2006

[17] 李玉冰，赵晨霞．无公害畜禽产品生产技术．北京：中国农业科学技术出版社，2008

[18] 周新民，陈桂银．鸭高效生产技术手册．上海：上海科学技术出版社，2002

[19] 杨桂芹．实用养鸭技术．沈阳：辽宁科学技术出版社，1999

[20] 王传武，等．新编禽病诊断与防治．呼和浩特：内蒙古科学技术出版社，2004